U0142952

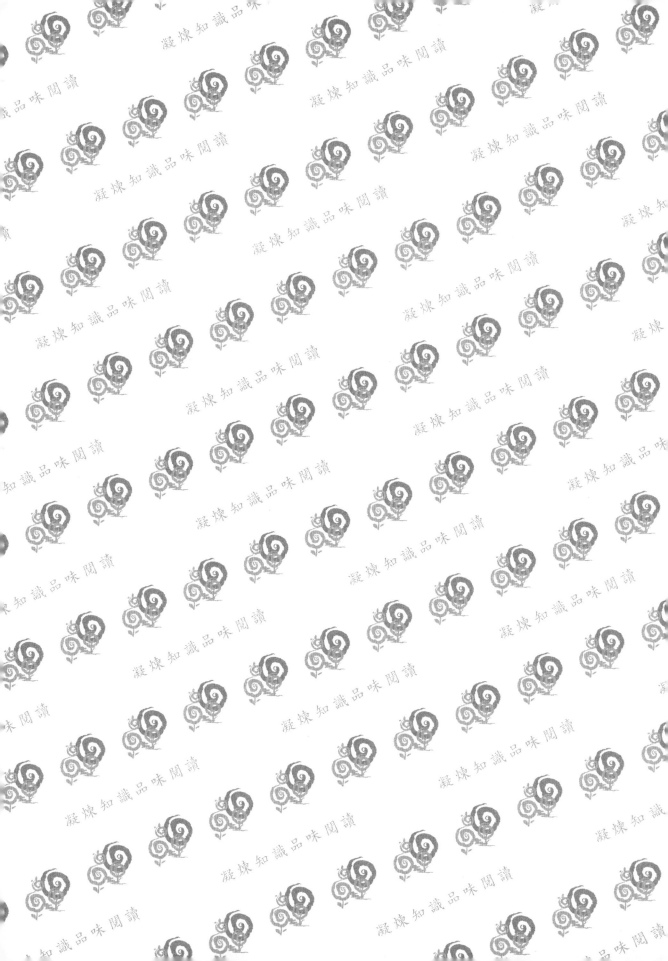

經營策略
企劃案撰寫

── 理論與實務 ──

戴國良 博士 ── 著

五南圖書出版公司 印行

卓越策略規劃的重要性

「經營企劃」（或稱策略規劃）是企業最重要的引導功能，也是企業營運的龍頭重心。很多大企業的老闆或是高階主管，每天所執行的主要功能，就是對公司或集團的事業發展進行策略性思考、數據性評估，以及周密而果斷的作下決策。無怪乎國內營收額第一大民營公司鴻海精密公司董事長郭台銘，曾說過該公司成功的四部曲：「策略、決心、方法與人才」。他把「策略」放在第一個位置上，顯示策略方向、策略分析、策略規劃與策略執行的高度重要性。因為一旦策略方向與策略內容發生錯誤，不僅浪費時間和投資金額，甚至將為公司帶來不利的競爭力衰退、營收成長的停頓、獲利的下降，以及市場領航地位的落後。

我們來看看國內營運績效不錯，而且在該行業具有領導地位的公司，包括台積電公司、鴻海集團、統一超商公司、國泰人壽、中國信託銀行、三立電視公司、民視電視臺、巨大自行車公司、統一食品集團、富邦金控集團、新光三越百貨公司、統一星巴克咖啡、家樂福量販店、聯發科技公司、遠東集團、SOGO 百貨公司、華碩電腦公司、裕隆中華汽車公司、和泰（TOYOTA）汽車公司、聯強國際公司、味全、宏碁電腦公司等，或者是國外知名的優秀公司，例如沃爾瑪（Walmart）百貨量販店、奇異公司、花旗銀行、韓國三星電子公司、中國海爾家電公司、SONY、NISSAN、Panasonic、美國寶僑（P&G）公司、聯合利華、花王、Google、微軟、嬌生等。相信他們能成為卓越的公司，必然植基於卓越策略規劃與經營企劃的完整思路、前瞻視野、正確判斷與強大執行力。

作者在企業界工作 20 年來，不管是在中小企業或大型企業集團，深深感受到公司最高負責人（即董事長）在「策略性決策」能力與眼光扮演極重要的角色。而在這同時，公司高階決策主管亦常常需要仰賴各事業總部幕僚或是集團總部幕僚提供相關重要決策的背景資料、情報分析研判、方案的研擬以及策略建言等。而這就是「策略規劃」（Strategy Planning），亦是「經營企劃」（Business Planning）的角色與功能。

作者認為，企業各級領導人，一定要有眼光；要有這個眼光，就要不斷的充實自己。如果領導人跑錯了方向，所有人也會跟著跑錯、跟著苦了。

本書具有下列幾點特色，列述如下：

第一：本書為國內類似教科書中的第一本，具有相當的創新性與挑戰性。

第二：本書力求企業策略規劃實務為主，理論為輔，可說是一本具有經營企劃工具書與應用書的最佳引導入門書。

第三：本書適宜於大三或大四、在修完「策略管理」或「經營策略」課程之後，再安排規劃此課程之授課或選課。因為，本教科書是「策略管理」課程之後的應用課程。

第四：本書不僅具有本土性、實用性、實戰性、案例性、工具書性，而且具有相當的價值性，希望各位同學及上班族朋友們，好好細讀，並且好好保存此書。

第五：本書幾乎一半以上的內容，都是全文企劃案或大綱企劃案例，提供各位從各種案例狀況中，學到如何撰寫及企劃。

作者在過去幾年來，不管是在公司內部帶領部屬，或是與其他公司上班族朋友談話中，或者在大學推廣進修部及在職碩士專班授課中，經常感到來自基層年輕上班族朋友及大學生們，對經營策略這方面知識、經驗與思考的不足，甚至某些中高階幹部的「全盤性決策能力」亦略顯不足。這就啟動了本書的撰寫動機，因為這本書將能夠滿足他們不斷學習追求進步的強大需求。而作者長久以來，亦深刻了解到這麼多人的心聲。因此，作者花費相當時間，將有關策略學術理論與實務資料結合在一起，透過有系統的歸納整理，將所知的知識與經驗，全部呈現於策略規劃理論兼具實務企劃的本書內，分享給認真用心閱讀本書的所有讀者。希望您們都能不斷的成長、進步與高升。祝福您們。

本書能夠順利出版，感謝我的長官、同事、家人、學生，以及朋友，他們都給我令人感動的鼓勵、幫助及指導。尤其，作者陸續收到很多讀者的電子郵件或是電話，均提及本書帶給他們的幫助，表示讚許與肯定。這是作者在不眠不休辛苦撰寫之後，最大的心靈慰藉。

作者 **戴國良** 敬上

taikuo@mail.shu.edu.tw

目錄

第 0 章

何謂經營策略

首先提出兩個重要概念的說明，以使所有讀者都能對企業的經營與管理的全面架構及重點，有一個初步認識，這是很重要的入門知識。

一、企業經營管理的投入與產出，策略規劃在整體架構的角色

　　就企業經營實務內容來看，可以區分為九個區塊的內容，如下圖所示，即可簡單快速明白。

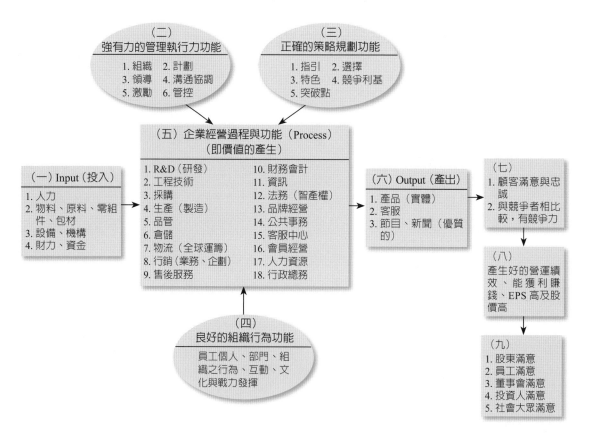

　　在上圖中，中間方塊的企業經營過程與功能是企業經營循環中的重要部分。但是這部分是否能夠很有效率（Efficiency）及很有效能（Effectiveness）的運作，則須靠影響它的三項關鍵：即強有力管理執行力功能、正確的策略規劃功能，以及良好組織行為功能等三種支援的表現水準如何而定。

　　亦即，企業在經營過程中，如果策略方向錯誤與策略選擇錯誤；或是管理不當、管理不夠強；或是組織行為傾軋互鬥，不能團結，不是好的企業文化；那麼在

經營過程中，也必然會有許多問題產生，而使結果也不會好，包括產品不好及服務不好，顧客自然也不會滿意，更談不上什麼競爭力與好的營運績效了。

二、策略的角色與功能

我們先在這裡，用最簡單的口語及案例，來表達策略是什麼。

引用國內第一大民營製造商鴻海公司郭台銘董事長，在接受平面媒體專訪時所說過的一段精闢見解。記者問到鴻海精密公司何以在短短數年內，營收及規模擴張的如此迅速，而成為國內第一大民營公司時，郭董事長提出鴻海成功四部曲，如下圖所示。

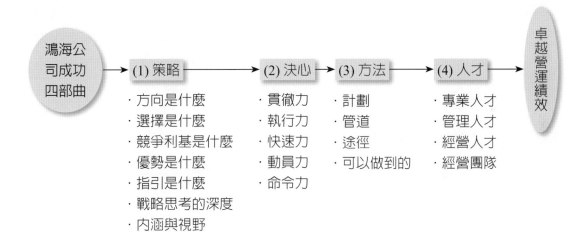

現在我們舉幾個簡單易於明瞭的實際案例來看：

案例 01　燦坤 3C 賣場

策　略	方　法
·破壞式價格戰（割喉價）	·某一段時間，即來一個商品大破壞價格（例如液晶電視原價 3 萬元，只賣 2 萬元；4 萬元筆記型電腦配備，只賣 2 萬元） ·24 期免息分期付款

案例 02 ｜ 三立電視臺／民視電視臺

策　略	方　法
・本土化戲劇策略	・三立推出叫好又叫座的台灣阿誠、台灣霹靂火、台灣龍捲風、天下第一味、眞情滿天下 ・民視推出飛龍在天、意難忘、娘家

案例 03 ｜ 廣達電腦公司

策　略	方　法
・只做代工（OEM）策略	・尋找個人電腦（PC）大廠戴爾（Dell）、惠普（HP）、東芝等做OEM代工生產，成爲全球第一大筆記型電腦代工廠

案例 04 ｜ 電視臺新聞節目戰

策　略	方　法
・哪裡有新聞，就在那裡現場播出	・每一家新聞臺（TVBS、東森、三立、年代、民視及非凡等六家），均有十部以上SNG車（現場衛星立即轉播車）

案例 05 ｜ 東森電視購物公司

策　略	方　法
・建立非實體通路（無店鋪通路）經營的第一品牌	・推出四個現場立即播出（live）的電視購物頻道 ・有布景、音樂、主持人、模特兒、廠商、觀眾等呈現，以吸引買氣

| 案例 06 | 統一超商公司 |

策　略	方　法
·成為社區型方便好購物商店	·店面普及化，200 公尺以內就有一家 ·提供八十多項代收服務、ATM 提款服務、便當、City Cafe、漢堡、三明治、關東煮、麵食等餐飲產品及預購服務、ibon 購票等

| 案例 07 | 手機公司 |

策　略	方　法
·手機多功能化、美觀化、流行化策略	·手機可以傳簡訊、照相傳送、錄影、上網、下載音樂、折疊、滑蓋，又有液晶彩色畫面及手機電視觀賞等

第 1 章

策略管理全面理論架構

第一節　經營策略的內涵（What is Business Strategy）

一、經營策略整體架構（廣義與狹義）

就廣義的經營策略而言，主要包括三個構面，如圖 1-1 所示。

第一，是先確定公司的經營理念，這是公司的信念、使命、願景、核心價值觀與目標。

第二，是公司的經營策略，亦即公司該往哪個方向走。

第三，是公司的經營戰術（或稱經營計劃），亦即如何達成上述經營理念與策略原則的一連串計劃作為。

這三種構面的齊全性，將構成公司或集團的完整經營策略概括性涵義。因為，這三種構面是具有邏輯性的一套完整內容。

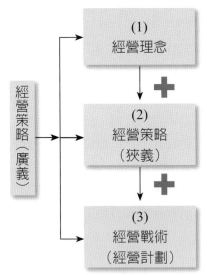

🖊 圖 1-1　經營策略整體架構——廣義的經營策略

我們可以舉全球最大筆記型代工大廠「廣達電腦公司」為例來說明：

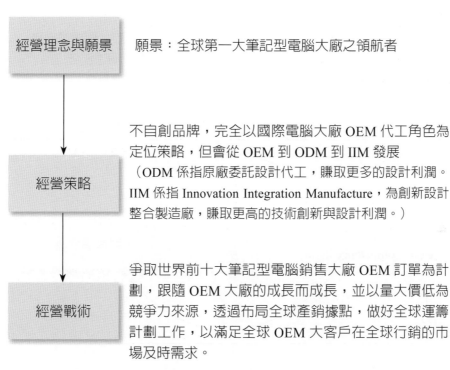

經營理念與願景　　願景：全球第一大筆記型電腦大廠之領航者

經營策略　　不自創品牌，完全以國際電腦大廠 OEM 代工角色為定位策略，但會從 OEM 到 ODM 到 IIM 發展（ODM 係指原廠委託設計代工，賺取更多的設計利潤。IIM 係指 Innovation Integration Manufacture，為創新設計整合製造廠，賺取更高的技術創新與設計利潤。）

經營戰術　　爭取世界前十大筆記型電腦銷售大廠 OEM 訂單為計劃，跟隨 OEM 大廠的成長而成長，並以量大價低為競爭力來源，透過布局全球產銷據點，做好全球運籌計劃工作，以滿足全球 OEM 大客戶在全球行銷的市場及時需求。

圖 1-2　廣達電腦公司的經營理念、經營策略與經營戰術關聯圖示

二、企業經營理念（信念、使命、核心價值觀與願景）

企業最高經營者（董事會、董事長、總經理）在主導企業經營時，必須要有一些根本的信念、思想、理想與目標，然後要真正對社會有所貢獻。經營理念的確立過程，可以如圖 1-3 所示。例如統一企業的經營理念是「三好一公道」，即是最淺顯的經營理念表達。圖 1-3 是有關企業經營理念的確立流程，以及它所產生的最後對社會與全體消費者貢獻的利益目標。

經營者在創造事業當時，以及經歷一段長時間之後，必會針對經營理念加以革新，以符合時代改變之需求。但是經營理念的確立，不是一句口號或一個高調理想而已，必須是可以實踐的。因此，它必須仰賴奠基於兩項因素：一是顧客需求的滿足；二是核心能力的追求打造。

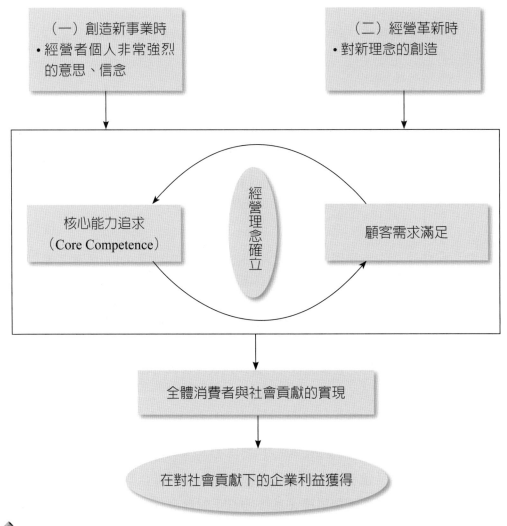

圖 1-3　經營理念的確立

三、狹義經營策略涵義

若針對狹義的經營策略來看，主要係針對策略的「三種層次」來區別。亦即如何制定及執行（一）全公司策略、（二）各事業總部策略，以及（三）各功能部門策略等三種內涵與事項。

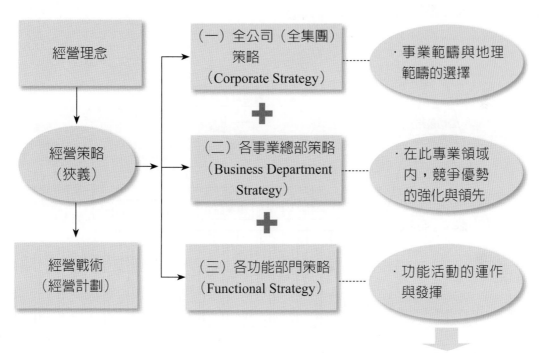

圖 1-4　狹義的經營策略圖示

四、策略的三種層次概示

就策略實際應用而言，大體上可以區分為三種層次，如圖 1-5 所示，包括：

（一）公司策略或集團策略（Corporate Strategy/Group Strategy）

（二）事業總部（或事業）策略（Business Strategy）

（三）功能部門策略（Functional Strategy）

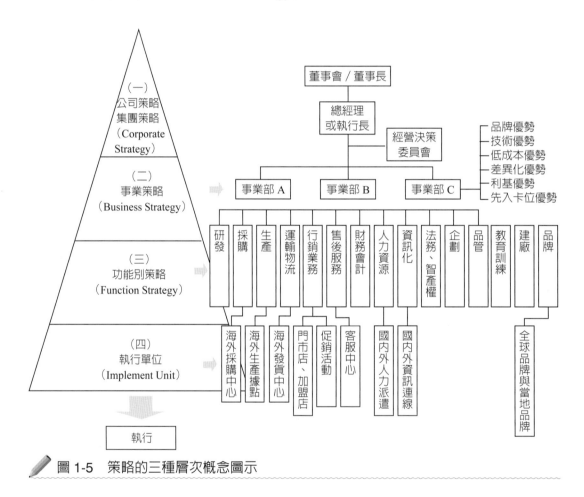

✏ 圖 1-5　策略的三種層次概念圖示

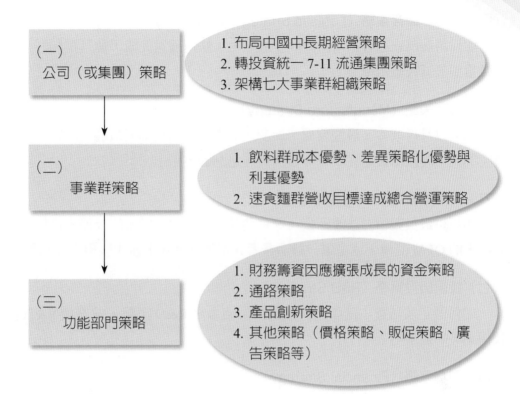

圖 1-6　以統一企業為例，說明策略的三種層次

　　就企業執行與運作的實際功能來區分，企業的功能別策略，大致可以有下列十三種：

（一）行銷策略（業務策略，Marketing Strategy）

　　如何把商品賣出去，並賣到好價格之策略。

（二）資訊策略（Information Strategy）

　　如何建構公司內部以及與上游供應商及下游顧客之有效率資訊情報之連結策略，以加速資訊流通並互相連結在一起。

（三）採購策略（Procurement Strategy）

　　如何爭取到價錢好、量充足、準時交貨及品質穩定之商品、零組件或原物料來源之策略。

（四）流通、庫存策略（Logistic Strategy & Inventory Strategy）

　　如何將商品在顧客指定的時間及地點內，快速運送完成，並且控制好公司的庫存數量到最低天數水準量。

（五）製造策略（Manufacture Strategy）

　　如何以最低成本、最快製程、最多元彈性、最高良率與最穩定品質，在既定交貨時間內，將產品製造完成，然後出貨運送到顧客手上。

（六）價格策略（Pricing Strategy）

　　如何以最具競爭力並兼顧公司一定利潤要求下之定價策略及優惠措施，以爭取到顧客的 OEM 訂單，或是讓一般消費者大眾能在賣場上產生吸引力而購買。

（七）技術研發策略（R&D Strategy）

　　如何選定及培養主流產品與主流技術結合之 R&D 策略，並透過 R&D 而取得技術領先的競爭力。

（八）財務策略（Financial Strategy）

　　如何以最低的資金成本，獲得公司擴張所需要的財務資金，以及如何操作不同幣別的外匯收入，產生財務收入。

（九）組織策略（Organization Strategy）

　　如何以適當的組織結構及組織人力資源，去滿足公司在不同階段與不同策略的營運發展與人才需求。

（十）子公司及購併策略（M&A Strategy）

　　如何在國內與海外各地擴展新事業、新市場與新投資之進入方式，包括設立海外子公司及購併模式進入之選擇。

（十一）海外策略（Overseas Strategy）

　　如何對海外投資、生產、銷售、研發、上市、本土化等相關一連串事務之政策與策略。

（十二）產品策略（Product Strategy）

　　如何選擇、評估及研發各時期因應的新產品上市策略，以及對既有產品革新改

善，力求產品市佔率的維持與得到顧客的好評。

（十三）服務策略（Service Strategy）

如何以各種規劃完善與體貼即時的服務提供給顧客，讓顧客能感受到不僅是買到產品，還買到了良好的服務，而深受感動。

若就時間長度、規模大小及組織幅度等三個角度來看，公司或集團策略所涉及之時間最長、規模最大、組織幅度亦最廣，因為它所影響的是未來 3～5 年公司與集團的成長及變化。

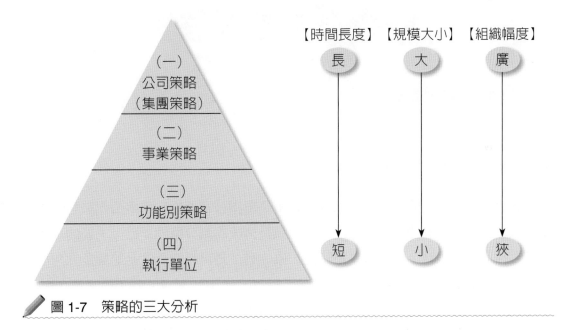

圖 1-7　策略的三大分析

整合上述十三項，可圖示如圖 1-8。

企業功能策略

一、行銷策略

二、研發策略

三、採購策略

四、流通、庫存策略

五、製造策略

六、價格策略

七、技術研發策略

八、人資策略

九、組織策略

十、子公司及購併策略

十一、海外策略

十二、商品採購

十三、服務策略

📝 **圖 1-8　企業功能策略**

五、經營策略的深層本質涵義

其實，經營策略的深層本質涵義，並不是單指公司要採取哪些公司策略、事業總部策略或是功能部門策略而已。因為這只是傳統的劃分區別而已，主要的是：為什麼要採取這些策略？採取這些策略是正確的嗎？是可行的嗎？是兼顧多元角度的最適方案嗎？是效益最大的方案嗎？

要答覆上述這些疑問，就必須回到問題的本質面，亦即：

（一）你必須明確界定公司的最大與最終經營「目的」與「願景」。

（二）你必須進行現況環境的深入且客觀的分析。

（三）你必須對公司及集團的未來方向性明示且清晰，並展現果斷的決心。

另外，要思考到經營策略能夠實際貫徹和實踐的目的，則又必須評估到四件事情，如圖 1-9 所示。

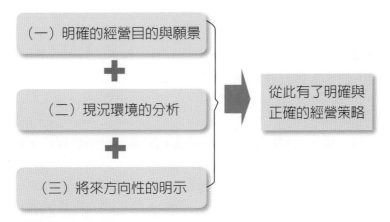

圖 1-9　經營策略「是什麼」（What is Strategy），先思考三件事情

(1) 策略是否真的依環境變化，而能及時地彈性改變？

(2) 是否真的比競爭對手更有競爭優勢？競爭優勢在哪裡？

(3) 是否明確公司成長核心之所在？為何是以這些為成長核心？

(4) 是否做好了經營資源（包括人才、財務資金等）的培育？

案例 01　廣達電腦公司

（一）明確的經營目的與願景

世界第一大筆記型電腦代工大廠 5000 萬臺出貨（佔全世界一年賣 1.5 億臺的 30% 佔有率）。

（二）現況環境的分析

已無能力自創品牌，但 OEM 代工則大有可為，且具有相當優勢的條件。

（三）將來方向性的明示

· 過去年出貨 300 萬臺→ 500 萬臺→ 1500 萬臺→ 3000 萬臺→ 5000 萬臺，朝每年目標成長。

· 全球前十大 PC 廠，有 5 家均委其代工。

（四）確定 10 年內走「代工路線策略」不變，與全球 PC 大廠一起成長。

案例 02　統一 7-11 流通集團

（一）明確的經營目的與願景

・國內最大的零售與流通集團。

（二）現況環境的分析

・統一 7-11、康是美藥妝店、統一速達宅配等均已漸具規模，產生獲利。

（三）將來方向性的明示

・朝複合商場及購物中心擴張，形成一個完整業態的零售流通集團。

（四）確定走全方位業態的零售流通發展策略

經營策略深度涵義

（一）公司是否能不斷的因應事業環境的變化而彈性改變？

（二）與競爭對手相較而言，本公司是具有差異化、特色化、專注化的優勢地位，真的做到了嗎？

（三）對公司今後前程而言，是否明確的揭示了成長核心的方向性？

（四）因應未來成長方向，本公司是否做好各種經營資源的培育與確保，並且能有效的配置？

圖 1-10　經營策略的「深度本質涵義」

六、策略四大功能取向（Strategic Function）

根本上來說，策略具備公司發展與啟動的火車頭地位，並具有四大功能，分別如下：

（一）指導：到底企業有限資源，應集中投入在哪些方向與領域？

企業資源總是有限的，包括人才、資金、設備、儀器、廠房、土地、品牌及產業鏈關係等因素。所謂的企業策略就是必須決定公司有限資源，應該從哪個方向及哪些領域投入，才能發揮最大的效益。例如：

1. 三立臺灣臺：指導企業有限資源，走入本土戲劇路線之策略。
2. 八大電視臺：指導企業有限資源，走入本土綜藝歌唱節目路線之策略。
3. 東森購物：指導企業有限資源，在電視及型錄無店鋪通路領域之業務發展。

（二）執行力：企業日常營運活動的落實貫徹

企業策略制定之後，仍必須關注到策略執行力的問題。縱有很好的策略，但若沒有強而有力的執行力，那也枉然。因此，策略不只是高階主管之事，更是中、低階主管落實貫徹之事，必須把這高、中、低階層人員，串在一起來執行，才有策略效益可言。

（三）累積與建立：企業相對於競爭對手的競爭優勢何在？

企業必須透過策略的方向、計劃與手段，不斷累積出本公司相對於其他主力競爭對手的競爭優勢何在，才會有贏的機會。必須自我審問：今日勝過對手在哪些方面？勝出的程度多大？明日還會勝出嗎？

案例 01　統一 7-11 公司

過去 30 年來，統一 7-11 已發展為全臺 6000 家店之最大連鎖規模，超過第二名的全家 3800 家店與第三名的萊爾富 1300 家店。

案例 02　新光三越百貨

全省 19 家百貨公司連鎖店，已成為全臺灣第一大百貨公司，尤其在臺北市信義計劃區內有 A8、A9、A11、A4 四個館連在一起，成為超大規模的百貨公司。

（四）確立與選擇：企業的生存利基與發展空間在哪裡？

策略必須幫助企業規劃它現在及往後 5 年、10 年，甚至 20 年的生存利基在哪裡？發展空間又在哪裡？然後，才知道該做哪些努力與投入。而這個生存利基與發

展空間，可能包括了市場利基、產品利基、技術利基、專利權利基與顧客利基等幾個方面。

案例 03　日月潭涵碧樓大飯店 ────────────

　　確立爲最高級、最頂級會員專享的渡假大飯店，因爲它具有獨特的山水風光及內部各種服務設計。

案例 04　高級精品路線 ────────────

　　歐洲的高級精品品牌，強調高級材質、精緻工藝及設計風格，例如 LV、Prada、Chanel、Fendi、Tiffany、Cartier、Hermés、Gucci、BVLGARI、Dior 等。

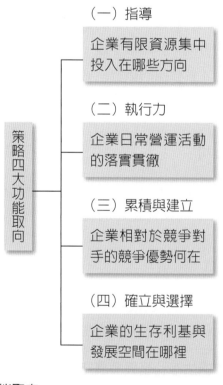

策略四大功能取向

（一）指導
企業有限資源集中投入在哪些方向

（二）執行力
企業日常營運活動的落實貫徹

（三）累積與建立
企業相對於競爭對手的競爭優勢何在

（四）確立與選擇
企業的生存利基與發展空間在哪裡

✎ 圖 1-11　策略四大功能取向

七、三大策略構面（Strategic Dimension）

　　當企業在研訂策略時，除了確定策略類型之外，必須完整的搭配考量三種策略構面角度與內容，然後才能更完整與細密的去評估、分析及規劃這個策略是否可行？依此方式會有哪些方面可供選擇？以及效益會有多大、有多深？這三大策略構面如圖 1-12 所示。包括：

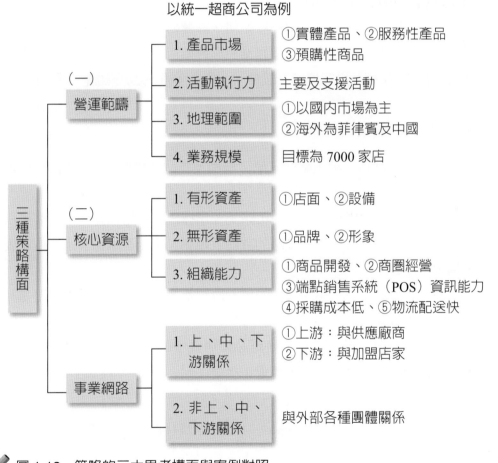

以統一超商公司為例

- （一）營運範疇
  - 1. 產品市場 — ①實體產品、②服務性產品 ③預購性商品
  - 2. 活動執行力 — 主要及支援活動
  - 3. 地理範圍 — ①以國內市場為主 ②海外為菲律賓及中國
  - 4. 業務規模 — 目標為 7000 家店
- （二）核心資源
  - 1. 有形資產 — ①店面、②設備
  - 2. 無形資產 — ①品牌、②形象
  - 3. 組織能力 — ①商品開發、②商圈經營 ③端點銷售系統（POS）資訊能力 ④採購成本低、⑤物流配送快
- 事業網路
  - 1. 上、中、下游關係 — ①上游：與供應廠商 ②下游：與加盟店家
  - 2. 非上、中、下游關係 — 與外部各種團體關係

三種策略構面

圖 1-12　策略的三大思考構面與案例對照

（一）營運範疇（Operation Scope）

　1. 產品市場在哪裡？顧客在哪裡？成長性有多少？

　2. 活動執行力（主活動與次活動）。

　3. 地理範圍在哪裡？是臺灣？或亞洲？或全球？

4.業務規模有多大？業務來源有多複雜？

（二）核心資源（Core Resources）

1.有形資產的支援能力與競爭力如何？
2.無形資產的支援能力與競爭力如何？
3.組織能力的支援能力與競爭力如何？

（三）事業網路（Business Network）

1.上、中、下游關係的架構，互賴程度如何？影響如何？
2.非上、中、下游關係的架構，互賴程度與影響如何？（非上、中、下游對象包括：政府單位、學校、研究機構、議會、消費者團體、居民團體，以及其他等）

八、策略構想的三個架構要素

當公司要確立或評估一項策略時，應該要顧及三個架構要素，又稱 3C 要素。亦即：

（一）Customer：顧客的選擇。公司的策略是要選擇什麼樣的顧客，而顧客也決定了訂單或業績的重要來源。策略的評估及規劃，不能脫離顧客這一個首要的架構要素。

（二）Company：公司資源。集中公司的核心資源及力量，以確保這些策略是具有競爭力與可以達到目的。

（三）Competitor：競爭者。這些策略是必須與競爭對手所採行的策略有所區別的、不同的，甚至是要領先半年或 1 年以上。

圖 1-13　策略構想的三個架構要素

案例 01　三立、八大及民視電視臺

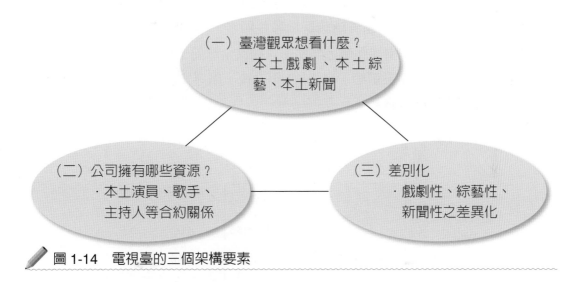

（一）臺灣觀眾想看什麼？
・本土戲劇、本土綜藝、本土新聞

（二）公司擁有哪些資源？
・本土演員、歌手、主持人等合約關係

（三）差別化
・戲劇性、綜藝性、新聞性之差異化

圖 1-14　電視臺的三個架構要素

九、經營策略檢討時的三種要素

除了前述所提的架構三種要素之外，在檢討經營策略時，還必須評估到三種要素，包括：

（一）策略與事業範疇的再界定與明確化。

（二）策略與公司核心競爭力真正聯結起來，才有勝算。

（三）策略與市場商機能結合起來，然後才會有真正效益產生。

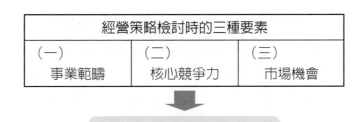

經營策略檢討時的三種要素		
（一） 事業範疇	（二） 核心競爭力	（三） 市場機會

本公司獨特的資源與能力，而能創造出競爭優勢的來源

圖 1-15　核心專長／核心競爭力（Core Competence）是什麼

十、事業範疇（Business Scope）的意義

在制定或處理企業經營策略時，必須考量到事業範疇的定位與明確化。如圖1-13 所示，事業範疇策略的涵義應該是為哪些顧客，提供哪些有價值的產品及服務。例如廣達電腦公司的事業範疇，早期是以提供全球前十大電腦大廠之筆記型電腦代工為主軸，此為其事業範疇。自 2002 年之後，廣達電腦亦開始展開手機代工生產的另一種事業範疇策略。

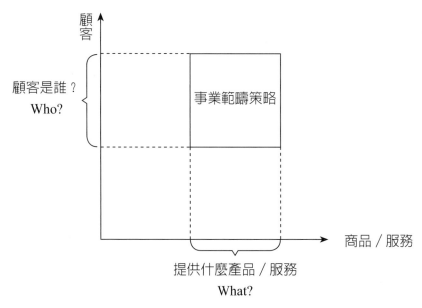

 圖 1-16　全公司事業範疇策略的涵義

圖 1-17　事業範疇的明確化

案例 01 廣達電腦公司

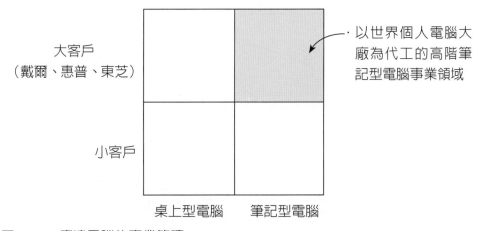

大客戶
（戴爾、惠普、東芝）

小客戶

桌上型電腦　　筆記型電腦

以世界個人電腦大
廠為代工的高階筆
記型電腦事業領域

圖 1-18　廣達電腦的事業範疇

案例 02 統一 7-11 公司

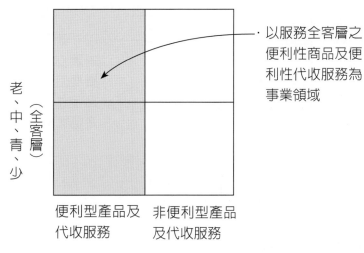

老、中、青、少（全客層）

便利型產品及　　非便利型產品
代收服務　　　　及代收服務

以服務全客層之
便利性商品及便
利性代收服務為
事業領域

圖 1-19　統一 7-11 的事業範疇

案例 03 三立電視臺

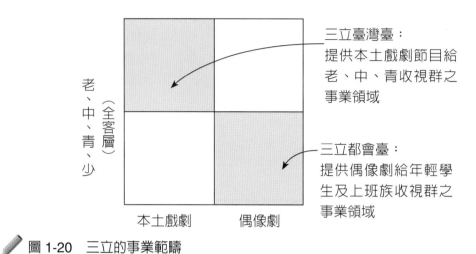

三立臺灣臺：
提供本土戲劇節目給
老、中、青收視群之
事業領域

三立都會臺：
提供偶像劇給年輕學
生及上班族收視群之
事業領域

老、中、青、少（全客層）

本土戲劇　偶像劇

圖 1-20　三立的事業範疇

案例 04 家樂福大賣場

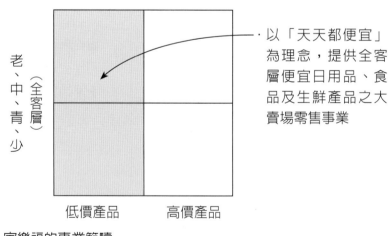

· 以「天天都便宜」
為理念，提供全客
層便宜日用品、食
品及生鮮產品之大
賣場零售事業

老、中、青、少（全客層）

低價產品　高價產品

圖 1-21　家樂福的事業範疇

案例 04　TOYOTA（和泰）汽車公司 ─────────────

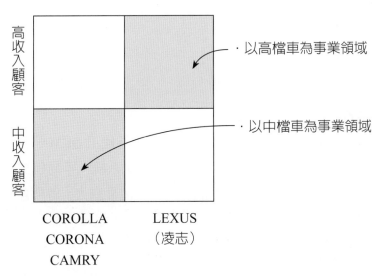

圖 1-22　和泰汽車的事業範疇

十一、核心專長（或核心競爭力，Core Competence）

　　如前所述，策略規劃及評估是必須與公司的核心專長或核心競爭力相互結合，才能產生真正的「策略戰鬥力」。如不能結合，那麼策略執行的結果，可能會成為後繼無力或不易成功的策略。

（一）價值性

　　係指公司的資源必須要有價值性（Valuability）才行，例如某石油公司在中東或英國北海或俄羅斯等地擁有採油權。

　　再如，12 吋晶圓廠的最高級製程技術能力，以及第 6 代 TFT-LCD 液晶面板製程技術能力等，均為該公司非常主要的價值核心專長及核心能力。

（二）稀少性

　　係指此項資源與能力是少有的，不足大眾化的。例如 TVBS-N 新聞主播方念華為一線主播，而且只有一個人，不容易複製好多個人，這就是它的稀少性資源。

（三）專利權專有性

　　例如聯發科技公司的 IC 設計程式的專利權、INTEL 公司的記憶體專利權、微軟視窗作業軟體的專利權等均屬之。

（四）因果關係不明確

　　例如可口可樂的配方，很少人知道。

（五）系統複雜性

　　例如全球第一大戴爾電腦公司的直銷模式、委外代工 OEM 的供貨與全球運籌模式，以及它的先進又複雜的資訊（B2B）網路作業系統，不易模仿、學習。

　　再如，像三立台灣臺做出「台灣阿誠」、「台灣霹靂火」等叫座的戲劇節目，其編劇、推選演員、演員表現、配樂、節目剪輯等，也是一種複雜作業，不易模仿、學習的。

（六）品牌、商標、企業歷史性的不可分性

　　例如 LV、Fendi、Prada、Dior、Gucci、Chanel、BENZ、BMW、Tiffany 等歐美品牌精品與汽車等，是不可能去使用該品牌及商標，而且數 10 年及上百年的信譽歷史，也不是 1 年、2 年可模仿、學習的。

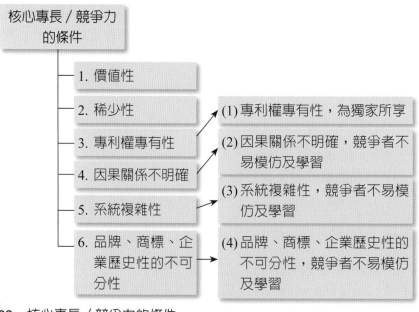

圖 1-23　核心專長／競爭力的條件

十二、策略意圖（Strategic Intention）

　　神通集團董事長苗豐強在《棋局雙贏》著作中，對策略意圖形成，有很深入描述，他認為策略意圖的重要意義是：「企業在承平時期就要往前踏一步，提早思考這些問題。」

　　《競爭大未來》的作者哈默爾（Gary Hamel）與普哈拉（C. K. Prahalad）曾這麼解釋：所謂「策略意圖」，就是策略的中心點。「策略意圖」表現出公司對於未來 10 年競爭定位的前瞻性看法，讓不同的個人、部門和事業體長期的努力都能找到綜合的焦點，不會把資源浪費在彼此競爭的計劃上。因此，「策略意圖」其實蘊含一種方向感、發現感，和上下一體的命運感。

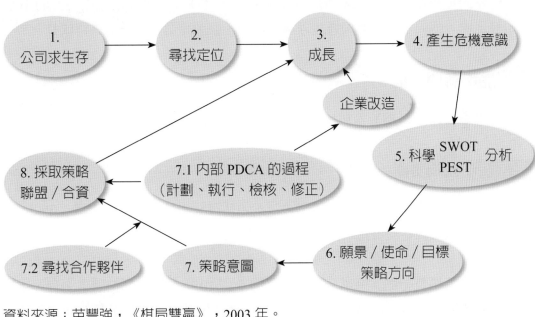

資料來源：苗豐強，《棋局雙贏》，2003 年。

✏ 圖 1-24　策略意圖的形成關聯圖

案例 01　宏碁電腦

　　Acer 自創品牌，意圖在 2 年內成為全球第一大 NB 個人電腦品牌，與戴爾、惠普、聯想、東芝等同享盛名，並領先之。

案例 02　統一 7-11

成為全方位業態的臺灣零售流通集團的領導者。

案例 03　康師傅

意圖以中國第一品牌速食麵，回攻臺灣速食麵市場，與統一速食麵同享國內100 億市場。

案例 04　廣達電腦

除鞏固世界第一大筆記型電腦代工大廠外，亦成立「廣達研發中心」的 1000人研發部隊，朝向手機、無線通訊等事業領域，擴大事業版圖，以維持成長。

案例 05　韓國三星

意圖超越日本 SONY 公司，成為亞洲第一的電子集團。

案例 06　鴻海集團

已成為全球第一大電子通訊代工大廠，包括電腦組件、iPhone 手機、iPod、遊戲機、液晶電視機等均可見到鴻海集團的雄偉成就。

苗豐強董事長認為：每家公司在初創的 5 到 10 年，通常都忙著求生存、求成長，經過 5 到 10 年後才開始產生危機意識。這時候就必須好好分析公司當前所面臨的情勢：我們現在處境如何？未來可能會碰上哪些情況？應該往哪個方向走？要回答這些問題，需要蒐集很多資訊，分析外在環境、產業發展、顧客和競爭者的變化，對於大方向和目標建立共識，然後才能產生強烈的策略意圖，激起求變的決心。

也就是說，企業經過各種分析（科學算命）之後，視野放的更寬、眼光看的更遠，形成新的方向，而且產生強烈的欲望和企圖心，渴望採取行動，朝著策略方向邁進。

十三、策略的簡單定義

定義一

策略＝課題解決（目標－現狀＝問題）＝能夠賺錢獲利的東西，才叫做策略。

定義二

策略＝願景＋方法＋行動

到此，我們可以對「策略」做一個最精確與簡單的定義，亦即如上面兩種定義所述。策略即是為了解決公司在實務經營上，所面對的大大小小的問題。能夠以有效的策略，解決在三種不同層次所產生的任務，都可以稱作「策略」。簡言之，只要能夠使公司持續賺錢獲利的任何方向、方法、手段或行動，均可稱為「策略」。這是最現實，但也是最好的策略定義。

問題解決的五種步驟

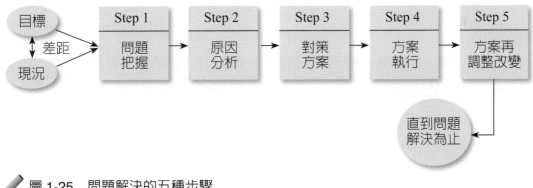

／圖 1-25　問題解決的五種步驟

十四、國內外企管學者對「策略」的定義彙整

茲將自 1960 年代以來，各時代的知名學者對「策略」（Strategy）一詞所下的理論性定義，整理如下：

學　者	定　義
錢德勒 （Chandler, 1962）	策略包括兩部分，一是決定企業基本長期目標或標的，二是決定所須採取的行動方案和資源分配，以達成該長期目標。
帝勒斯 （Tillers, 1963）	策略是組織的一組目標與主要政策。
安索夫 （Ansoff, 1965）	策略是一個廣泛的概念；策略提供企業經營方向，並引導企業發掘機會的方針。
紐曼與洛根 （Newman & Logan, 1971）	策略是確認企業範疇與決定達成目標的方式。 企業策略首在確認企業所要針對的「產品—市場」範疇，使組織獲得相對優勢；其次，策略須決定企業如何由目前狀態達到期望的結果，其具體步驟如何，以及如何衡量最後成果。
柯特勒 （Kotler, 1976）	策略是一個全盤性的概略設計。企業為了達到其所設立的目標，需要一個全盤性計劃，策略就是一個融合行銷、財務與製造等所擬定之作戰計劃。
海勒 （Haner, 1976）	策略是一個步驟與方法的計劃。為了完成目標所設計的一套步驟與方法，就是策略，其中包括兩大要素： 1. 協調公司中的成員與資源；2. 實施的時間排程。
麥可尼可斯 （McNichols, 1977）	策略是由一系列的決策所構成。策略存在於政策制定程序中，反應出企業的基本目標，以及為達成這些目標的技術與資源分配。
格魯克 （Glueck, 1976）	策略是企業為了因應環境挑戰所設計的一套統一的、全面的及整合性的計劃，以進一步達成組織的基本目標。
波特 （Porter, 1980）	企業的競爭策略是企業為了在產業中取得較佳的地位所採取的攻擊性或防禦性行動。
赫弗與史坎代爾 （Hofer & Schendel, 1979）	策略是企業為了達成目標，而對目前及未來在資源部署及環境互動上所採行的型態。
吳思華 （1998）	策略至少顯示下列四方面的意義：評估並界定企業的生存利基、建立並維持企業不敗的競爭優勢、達成企業目標的系列重大活動、形成內部資源分配過程的指導原則。
司徒達賢 （2001）	策略是企業經營的形貌，以及在不同時點間，這些形貌改變的軌跡。企業形貌包括經營範圍與競爭優勢等重要而足以描述經營特色與組織定位的項目。

十五、策略管理最簡單的定義

如圖 1-26 所示，對「策略管理」（Strategic Management）做了最明確且最簡單的定義，如下所述：

策略管理定義

「因應內外部環境的變化，並分析原訂計劃與預算目標，為何與實績有所落差，究竟問題何在？對策又是如何？」這就是策略管理的定義。

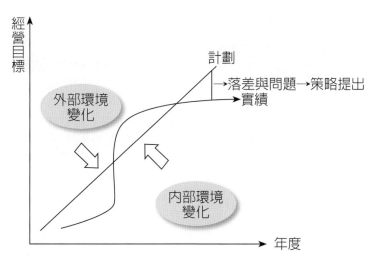

✎ 圖 1-26　策略管理的定義

十六、策略管理的日常營運與業務工作內容

策略管理在企業實際應用上，具體來說，可以含括四大工作範圍（圖 1-27）：

（一）對中長期經營計劃的進度管理、與實績相比較分析及對策再研訂。

（二）對年度預算目標與實際進度的檢討分析及對策研訂。

（三）對集團內部的管理、資源整合及效率化的推動。

（四）對集團或各公司重要專案的推進。

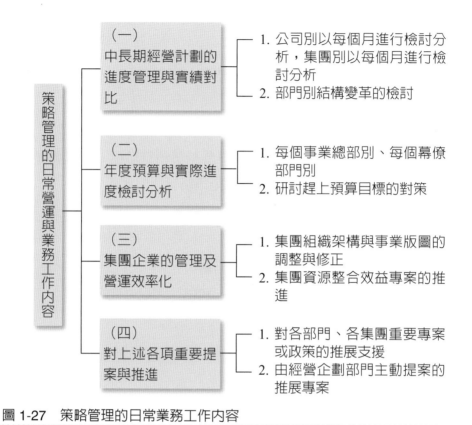

✐ 圖 1-27　策略管理的日常業務工作內容

十七、公司策略的鐵三角成分

　　學者柯里斯（Collis）及蒙哥馬利（Montgomery）於 1998 年指出，根據他們長期實務的觀察顯示，企業並沒有一個永遠對或永遠通用不變的公司策略（Corporate Strategy）。他們認為一個有效的公司策略，其實是由五種成分所組成，並因而引導公司的成功。公司策略的五種成分（圖 1-28），即是：

（一）資源（Resources）；

（二）事業經營（Business）：意指公司所選擇的行業（Industry Choice）及其所採取的競爭策略（Competitive Strategy）為何；

（三）結構、系統與程序（Structure, Systems, and Processes）；

（四）願景（Vision）；

（五）目標（Goal & Objectives）。

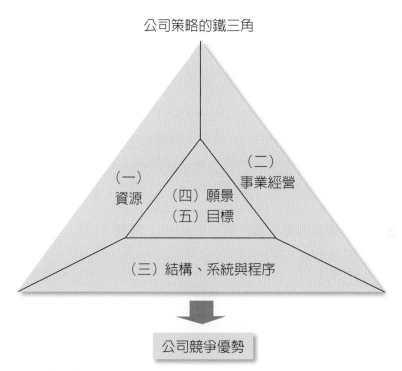

資料來源：柯里斯與蒙哥馬利（1998），《*Corporate Strategy: A Resource-Based Approach*》，麥格羅‧希爾，p. 7。

圖 1-28　公司策略鐵三角內容架構

十八、價值創造體系（A System of Value Creation）

　　學者柯里斯及蒙哥馬利（1998）認為一種有效的公司策略及價值創造體系，其實不僅依賴公司有價值性資源，或是處在具吸引力行業裡，或是有什麼好的管理架構；而是必須將前述所提到的策略鐵三角成分做好彼此間整合，使達「一致性」（Consistency）及「配適性」（Fit），然後才會發揮全部的效果，如圖 1-29 所示。

（一）資源與事業經營必須互相一致，才能創造出競爭優勢

案例

　　東森電視節目製作資源＋購物商品→創造出電視購物事業經營之競爭優勢。

（二）資源與管理架構（含組織架構、管理體系及作業程序）必須首尾一貫（Coherence）

案例

電視購物事業的經營管理，所涉及之資源與管理架構，包括了商品開發、節目製作、製播工程、物流宅配、付款分期金流、電話接單中心、資訊電腦等組織架構、作業流程，均能首尾一貫之結合。

（三）管理架構與事業經營必須控管（Control）落實

案例

而上述之管理作業架構均能與電視購物事業經營，加以有效指導、控制、考核與落實。

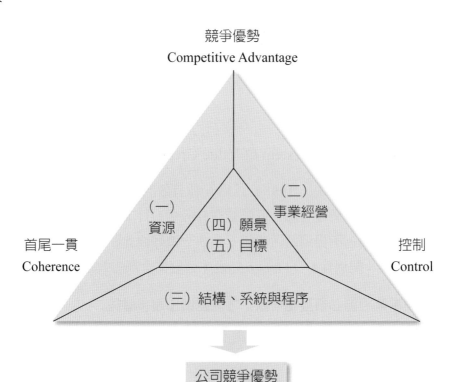

圖 1-29　公司策略鐵三角必須做好緊密聯結

十九、何謂事業模式、商業模式（Business Model）或獲利模式（Profit Model）？

即企業以什麼樣的方式，去產生營收來源及獲利來源。事業模式是企業經營非常重要的一件事。不管是既有事業中或是進入新事業領域，都必須要有可行的、具成長性的、有優勢條件的、吸引人的，以及能賺錢的事業模式。

更精確地說，就是做任何一個事業，都必須首先考慮兩點：

（一）你的營收模式是什麼？客戶群有哪些？市場規模多大？你想進哪一塊市場？你憑什麼能耐進去的？你的營收來源及金額會是多少？這些都做得到嗎？實現了嗎？你的模式可不可行？你的模式是否有競爭力？你的模式如何勝過別人？這些顧客願意給你這些生意做嗎？為什麼？

（二）你的營業成本及營業費用要花費多少？佔營收多少比率？要有多少營收額才能損益平衡？別的競爭者又是如何？對公司總體貢獻及重要性大不大？獲利率又是多少？以及投資報酬率（ROI）是多少？國際的標準數據又是如何？等問題。

例如戴爾電腦為全球與惠普並列的超大型電腦供應商。戴爾係以「直銷」模式經營，不經過各種經銷商或零售店進行銷售，絕大部分均在網路上直接下單訂購及完成交易收付款。此模式省下不少中間商的通路費用，因此，戴爾電腦能以更低的價格爭取公司型顧客下單。

二十、波特（Porter）鑽石體系理論：國家競爭優勢來源

（一）理論架構

競爭策略大師波特在 1990 年提出著名的國家競爭優勢，或稱之為鑽石體系（The Diamond），亦即，某個國家為何在某些產業具有全球性領導優勢。例如韓國的三星（SAMSUNG）手機為何能行銷全球？瑞士鐘錶為何最強？臺灣資訊產業為何最強？美國化工業及製藥業為何最強？波特教授歸納出四類國家的競爭優勢來源。

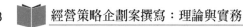

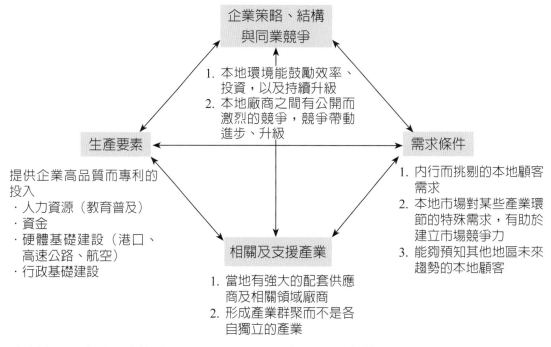

資料來源：麥可・波特（Michael Porter, 1990），《國家競爭優勢》（*The Competitive Advantage of Nations*）。

 圖 1-30　鑽石體系分析

 第二節　策略與內外部環境條件的關係

　　公司各種層次的策略制定，自然不可能忽略掉內外部環境條件的分析及評估。因此，內外部環境條件、資源以及相關變化趨勢與影響評估，都是策略制定程序中，極為重要的一環。

一、企業與外部環境關係

　　如圖 1-31 所示，外部環境分析必須考慮到 1. 產業、2. 市場與 3. 競爭對手的三種環境分析。而這三種環境的變化，又分別受到 1. 全球化競爭壓力、2. 情報與技術革新、3. 經濟環境、4. 社會文化環境、5. 人口結構與消費行為等五項要素的影響。

　　不過，在外部環境分析因素上，必須注意外部環境變化所帶來的潛在商機或是潛在威脅，這是分析的首要重點。

　　至於線上資料庫的活用，係指從網路上各種資料的充分搜尋與學習，才有助於做好外部環境的分析與評估。

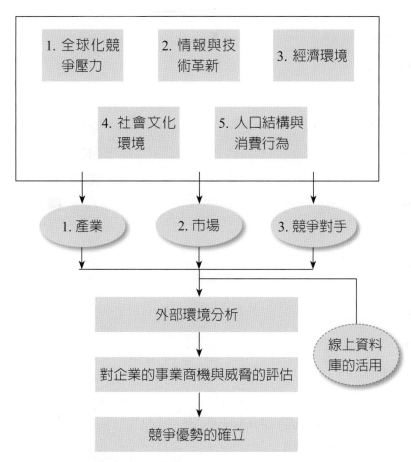

✏ 圖 1-31　企業與外部環境壓力的關係

案例 01　全球化競爭壓力

（一）啤酒

1. 中國青島啤酒。

2. 荷蘭海尼根啤酒。

3. 日本麒麟啤酒。

4. 日本朝日啤酒。

5. 美國百威啤酒。

（二）手機

1. iPhone（美國）。

2. 三星（韓國）。

3. OPPO（中國）。

4. vivo（中國）。

5. SONY（日本）。

（三）電腦

1. 宏碁。

2. Lenovo（聯想／中國）。

3. 惠普。

4. 華碩（ASUS）。

5. 戴爾。

6. Apple。

（四）家電

1. 三星（韓國）。

2. LG（韓國）。

3. 日系（日立、東芝、夏普、Panasonic）。

4. 臺灣（東元、聲寶、大同）。

（五）汽車

1. 日系車（TOYOTA、NISSAN、三菱、馬自達、本田）。

2. 美系車（GM、Ford）。

3. 歐系車（BENZ、BMW、VW、AUDI）。

（六）速食麵

1. 康師傅（中國品牌）。

2. 韓國泡麵。

（七）精品

全是國外精品；如 LV、Fendi、Prada、Chanel、YSL、Tiffany、Dior。

案例 02　資訊情報與技術革新

（一）液晶電視 LCD-TV 取代傳統 CRT-TV。
（二）彩色手機取代黑白手機。
（三）網路技術突破，B2C 及 B2B 網路經營模式開始普及。
（四）燒錄機出現→儲存大容量 CD-ROM 資料，而非小容量磁片。

案例 03　經濟環境

美國經濟景氣、美國股市、美國聯準會（Fed）利率升降、美國失業率等均會影響全球景氣。

案例 04　社會文化環境

（一）高等教育普及化。
（二）小家庭化。
（三）價值觀多元化。
（四）世俗化。
（五）富裕與貧窮兩極化。
（六）晚婚、高離婚率、同居率升高。

案例 05　人口結構

（一）新生人口，每年從過去高峰 40 萬人，降低至 2020 年的 16 萬人。
（二）老齡人口上升，人口老化嚴重。

案例 06　消費行為

（一）女性消費力增加。

（二）先消費享受，後付款。

（一）外部環境分析的程序

外部環境分析的程序，主要由五個步驟進行，如圖 1-32 所示。

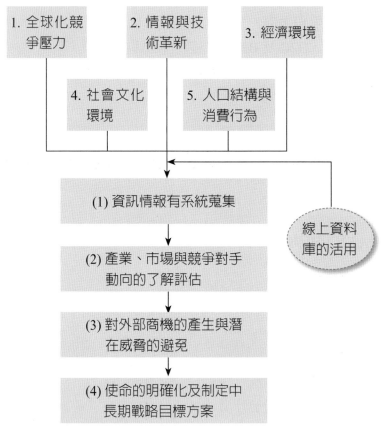

1. 全球化競爭壓力

2. 情報與技術革新

3. 經濟環境

4. 社會文化環境

5. 人口結構與消費行為

(1) 資訊情報有系統蒐集

(2) 產業、市場與競爭對手動向的了解評估

(3) 對外部商機的產生與潛在威脅的避免

(4) 使命的明確化及制定中長期戰略目標方案

線上資料庫的活用

✏ 圖 1-32　外部環境分析的程序

（二）產業與競爭對手的分析

　　對產業與競爭對手的情報蒐集及分析項目，主要有如圖 1-33 所示的八個項目。針對這八個項目內容，必須進行 SWOT（優勢、劣勢、機會、威脅）分析，然後採取因應行動。

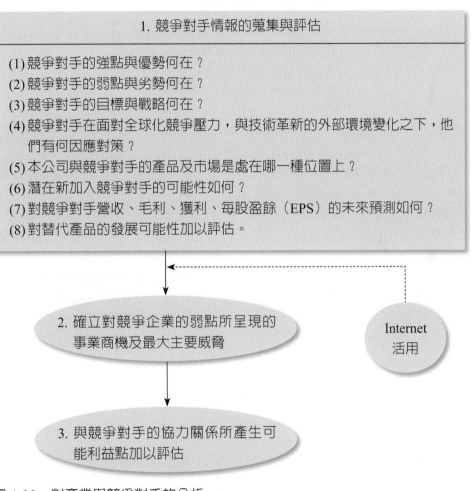

圖 1-33　對產業與競爭對手的分析

（三）全球化市場進入模式分析

```
┌─────────────────────────────────────┐
│ 1. 進入國際市場模式與管道            │
│                                     │
│ (1)授權合約（技術、商標、品牌）      │
│ (2)出口貿易（外銷接單）              │
│ (3)OEM 代工生產（長期固定訂單）      │
│ (4)與當地企業合資設廠                │
│ (5)併購當地企業（M&A）               │
│ (6)獨資設廠（100% 自己股權）         │
└─────────────────────────────────────┘
```

```
┌──────────────────────────┐   ┌──────────────────────────┐
│ 2. 外部要因與條件分析     │   │ 3. 公司內部要素與條件分析 │
│                          │   │                          │
│ (1)當地國政府的外資政策   │   │ (1)本公司的技術、商品的特性│
│    與法令                │   │ (2)在布局全球架構下，當地國│
│ (2)市場規模及市場未來成長性│   │    生產能力的利用可能性    │
│ (3)在當地市場的競爭條件與 │   │ (3)本公司派赴當地國的人才、│
│    產業結構              │   │    財務資金及設備之分析    │
│ (4)當地國的原物料、人力資源│   │ (4)長期性的戰略目標        │
│    、衛星工廠等環境        │   │ (5)迎合海外顧客市場的需求  │
│ (5)當地生產成本分析       │   │                          │
└──────────────────────────┘   └──────────────────────────┘
```

圖 1-34　全球化市場的環境分析

二、策略與內部環境關係

　　而策略與內部環境關係，主要著眼在企業內部的價值鏈活動所創造出來的競爭力。這些價值鏈活動，包括八個面向活動：1. 研發 R&D 活動的競爭力；2. 採購、生產、品管活動的競爭力；3. 行銷、業務活動的競爭力；4. 全球運籌活動的競爭力；5. 資訊化活動的競爭力；6. 財務資金活動的競爭力；7. 人力資源活動的競爭力；8. 售後服務活動的競爭力；9. 專利權活動的競爭力；10. 品牌活動的競爭力；11. 業務戰力活動的競爭力。

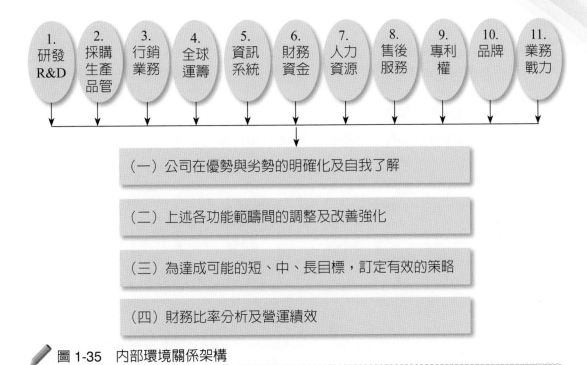

圖 1-35　內部環境關係架構

（一）何謂「競爭力」

企業競爭力可以呈現在以下幾個面向：

1. 成本比別人低。

2. 產品及服務比別人有差異化及特色化。

3. 速度比別人快（產品開發上市速度、策略調整反應速度、服務速度等）。

4. 創新比別人多。

5. 先行卡位比別人快。

6. 資源力比別人強。

7. 人才資源比別人豐富。

8. 資訊化比別人進步。

9. 專業性比別人強。

10. 策略比別人靈活、快、多。

11. 定位比別人清楚、有利基空間。

12. 品牌比別人有名。

13. 地點比別人好。

14. 技術比別人先進。

15. 資源整合比別人多。

（二）內部環境分析的程序

有關內部環境分析的程序五步驟，如圖 1-36 所示。

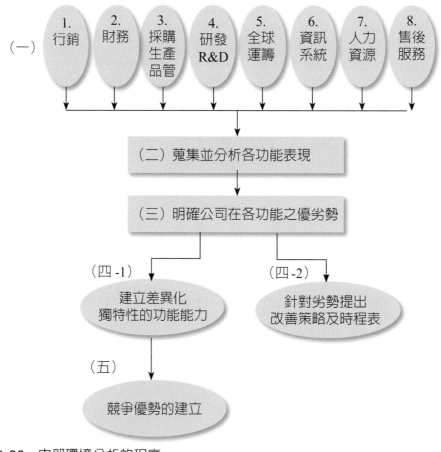

圖 1-36　內部環境分析的程序

第三節　策略管理的基本架構與制定程序

一、全面性架構圖示

策略管理的基本架構與制定程序，大致上可以區分為三個步驟：

（一）策略的制定及形成（Formulation）。

（二）策略的具體化方案與可執行化（Implementation）。

（三）策略的效果評價、管理與改變再調整（Evaluation & Adjustment）。

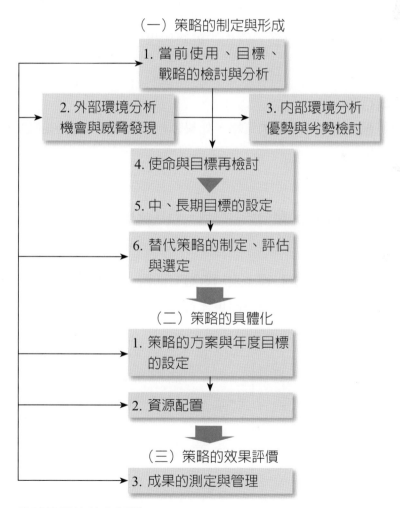

圖 1-37　策略管理的基本架構

另外，國外學者亦曾提出，策略管理的過程可區分為五個過程（圖 1-38），包括：

（一）對企業外部環境展開偵測、調查、分析、評估、推演與最後判斷

這個階段非常重要，一旦無法掌握環境快速變化的本質、方向，以及對我們的影響力道，而做出錯誤判斷或太晚下決定，則企業就會面臨困境，而使績效倒退。

（二）策略形成

策略不是一朝一夕就形成，它是不斷的發想、討論、分析及判斷而形成的，甚至還要做一些測試或嘗試，然後再正式形成。當然策略一旦形成，不是說不可改變。事實上，策略經常在改變，原先的策略如果效果不顯著，就必須馬上調整策略。

（三）策略執行力

執行力是重要的，一個好的策略，如果執行不力、不貫徹，或執行偏差，都會使策略大打折扣。

（四）評估、控制

執行之後，必須觀察策略的效益如何，而且要及時調整改善，做好控制。

（五）回饋與調整

如果原先策略無法達成目標，表示策略有問題，必須調整及改變，以新的策略及方案去執行，一直到有好的效果出現才行。

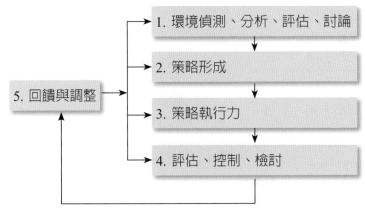

圖 1-38　策略管理的五個過程

另外，策略管理所談及的全面性與內容項目，如圖 1-39 所示。

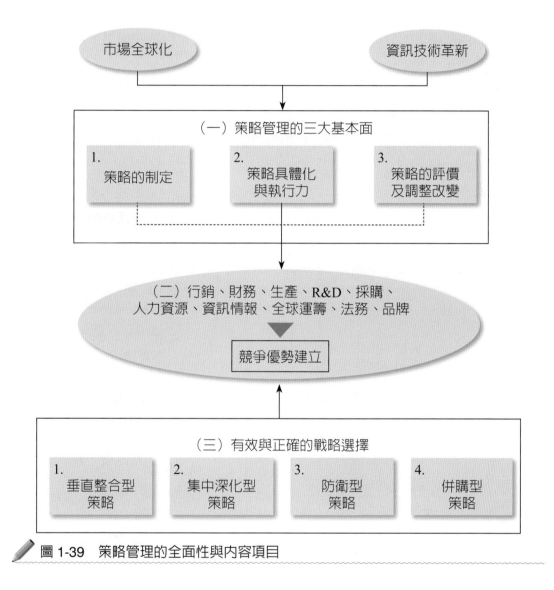

圖 1-39　策略管理的全面性與內容項目

二、策略的制定程序（Formulation）

策略的制定程序，基本上有五項考量要素，然後才能形成策略的方向與方案。這五項分別是：

（一）對企業使命與願景的明確化。

（二）進行深入的外部環境分析與評價，了解其中的機會及威脅，然後再思考如何掌握商機，以及避掉威脅。（即 SWOT 分析）

（三）進行內部環境的分析及評價，然後才知道如何強化自我的優勢，以及如何改善劣勢。

（四）對公司發展中長期目標的設定，以 2 至 5 年為發展目標，然後依此目標，才能研訂因應的策略方向與策略計劃。

（五）對未來要達成此目標之各種替代策略方案的研訂、評估與選定，然後，再進入執行階段。

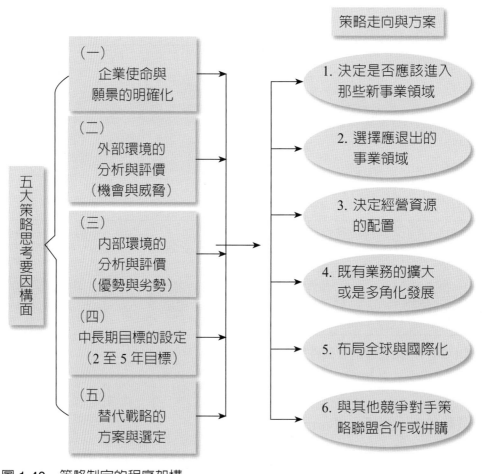

圖 1-40　策略制定的程序架構

策略型態取向之策略規劃架構

國內學者司徒達賢（2001）提出策略型態分析法，以現在策略形貌為出發點，接著分析環境與條件，再依據創意產生新的策略形貌後，重新進行環境分析、條件分析與目標分析，進一步規劃未來的策略形貌產業行動方案，其分析法的思考程序如圖 1-41。

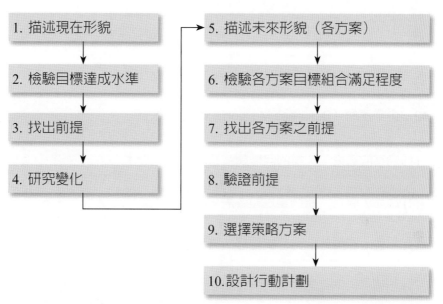

資料來源：《策略管理新論：觀念架構與分析方法》，司徒達賢著，智勝文化事業有限公司，2001 年 1 月初版，p. 37。

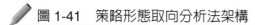 圖 1-41　策略形態取向分析法架構

三、企業使命（Business Mission）

企業使命並不是一個空洞而不著邊際的名詞。以廣達電腦公司為例，假如廣達電腦公司所設定的使命是：「為全球大型資訊、通訊大廠，提供最大規模經濟量與技術最先進的專業電子代工服務大廠。」在這個企業使命陳述中，至少揭示了廣達電腦公司的定位、顧客、主力產品、事業範疇與發展目標等具體事項。

如圖 1-42 所示，企業使命構成有六大要素。

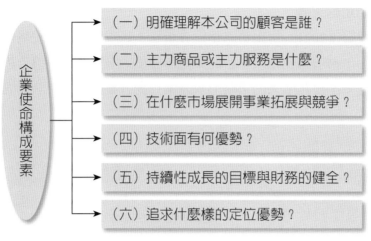

企業使命構成要素

（一）明確理解本公司的顧客是誰？

（二）主力商品或主力服務是什麼？

（三）在什麼市場展開事業拓展與競爭？

（四）技術面有何優勢？

（五）持續性成長的目標與財務的健全？

（六）追求什麼樣的定位優勢？

圖1-42　企業使命（Business Mission）構成要素

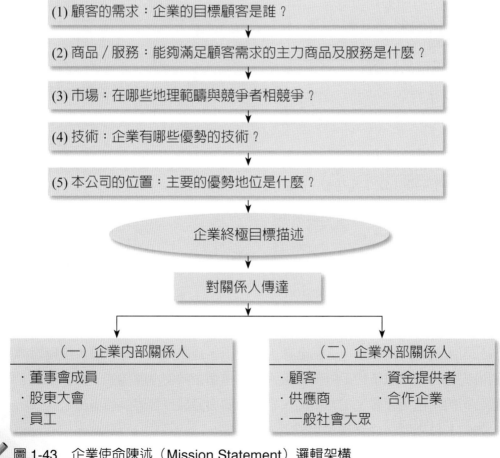

(1) 顧客的需求：企業的目標顧客是誰？

(2) 商品／服務：能夠滿足顧客需求的主力商品及服務是什麼？

(3) 市場：在哪些地理範疇與競爭者相競爭？

(4) 技術：企業有哪些優勢的技術？

(5) 本公司的位置：主要的優勢地位是什麼？

企業終極目標描述

對關係人傳達

（一）企業內部關係人
・董事會成員
・股東大會
・員工

（二）企業外部關係人
・顧客　　　・資金提供者
・供應商　　・合作企業
・一般社會大眾

圖1-43　企業使命陳述（Mission Statement）邏輯架構

案例 **廣達電腦公司** ————————————————————

（一）明確理解本公司的顧客是誰？

・以全球前十大 OEM 委託電腦大廠爲銷售及服務對象。

（二）主力商品或主力服務是什麼？

・提供高階、高品質的筆記型電腦爲主。

（三）在什麼市場展開事業拓展與競爭？

・以十大 OEM 委託個人電腦大廠所在的美國、歐盟市場爲主，以亞洲市場爲輔。

（四）技術面有何優勢？

・成立廣達研發中心，招募千人研發部門，發展電腦、無線通訊、數位傳輸、數位網路之最新技術。

（五）持續性成長目標？

・以一年 5000 萬臺筆記型電腦出貨目標爲主，2020 年時出貨 5000 多萬臺，爲世界第一大。

（六）追求什麼樣的定位優勢？

・世界筆記型電腦代工大廠的第一名，以量大質優爲優勢。

案例 **企業外部關係人：知名投資機構** ————————————————

（一）國外投資機構公司

1. 摩根史坦利（美國）。
2. 高盛（美國）。
3. 瑞士信貸（CSFB）（美國）。
4. 所羅門美邦（美國）。
5. 瑞銀華寶（瑞士）。
6. 怡富（英國）。
7. 德意志銀行（德國）。

8. 荷蘭 ING（荷蘭）。

9. 花旗（美國）。

（二）國內投資機構公司

各大金控公司所屬的證券公司、投顧公司、投信公司、銀行、創投公司、人壽保險公司等，包括：中國信託金控、國泰金控、富邦金控、中華開發工銀、台灣工銀、兆豐金控、第一銀金控、元大證券、大華證券等。

四、願景（Vision）

企業發展願景是常被企業界所引用的，願景與使命是一種互補的功能。

．「使命」主要釐清公司的事業何在，以及公司將為顧客群貢獻什麼。

．「願景」則是一種對公司終極發展成果的統括性理想與目標，而能讓全員共同追尋的一種信仰力量與奮戰依循之所在。

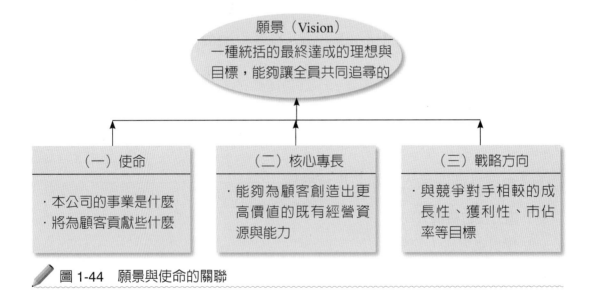

圖 1-44　願景與使命的關聯

再以前述廣達電腦公司為例，它的發展願景，也許可以設定為：「全球市佔率超過 40%（全年 5000 萬臺出貨目標）的第一大筆記型電腦代工大廠」。

案例 **顧景不能只是一句口號，而是要從三個層面去落實貫徹 —— 亦即顧客、員工、與股東三者均滿意的企業願景**

國內數位聯合電信公司程嘉君總經理對願景的看法有其獨到之處。在程總經理曾發表的一篇文章中，如此描述他對願景的新觀點，頗為精闢深入，茲摘述其重點如下：

- 企業有沒有願景的宣示是一回事，宣示後有沒有共識是另一回事，有共識後有沒有執行力則又是一回事。有宣示不難，有共識不容易，能夠落實執行最困難。
- 對於管理工作者來說，經營一個企業，面對的是公司的客戶、員工與股東，公司的願景自然必須涵蓋到這三個族群。客戶要的是好的產品與服務品質，再加上好的價錢；員工則是希望能在一個有前景、受到社會肯定、員工工作與創意受到尊重、薪資福利有競爭力的公司工作；股東則要求的是高於資本市場平均報酬率的成果。
- 從這些構面來發展公司願景，應該不會太離譜，可是也不會有太大的差別。重要的是，有沒有在各階層的幹部與員工中產生共識。更重要的則是，有沒有辦法透過管理機制、員工訓練與持續的有效溝通，落實每項工作的執行，產生成果，並且能夠隨著市場環境的變化，不斷的調整。
- 口號式的願景如果設計的適當，肯定有助於溝通。但是如果口號沒有靈魂，無法在企業的每一個市場動作中展現，一定也是枉然！

五、SWOT 分析

　　SWOT 分析是最根本的內外部環境分析與評估的有力架構及工具，也是企業界每天因應對策研擬之前，必須做的基本分析報告。

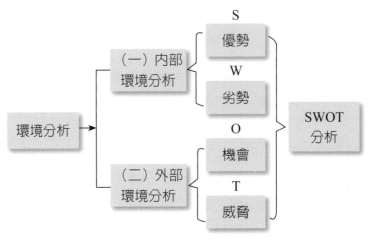

✐ 圖 1-45　SWOT 環境分析的架構

案例 東森電視購物公司 ────────────────────

（一）優勢

1. 曾經營電視媒體，對節目製作經驗豐富。

2. 與下游系統臺關係良好，而且自己也投資系統臺，因此，頻道播出的普及率非常高，有 600 萬收視戶可以在四個頻道中看到。

3. 東森品牌具有信賴感。

4. 是國內目前唯一以 16 小時現場 Live 播出的電視購物頻道公司。

（二）劣勢

　通路上架費（付給系統臺的頻道租金）受制於系統臺業者，而可能有租金上漲的不利，加重通路成本。（目前每一戶平均支付 5 至 7 元之間）

（三）機會

1. 無店鋪事業正快速成長萌芽中。

2. 市場潛力規模很大，比電視媒體廣告市場還大。

（四）威脅

　富邦 momo 臺及中信 ViVa 臺的強力競爭威脅。

分析企業所面臨的商機或威脅，有四個程序，如圖 1-46。

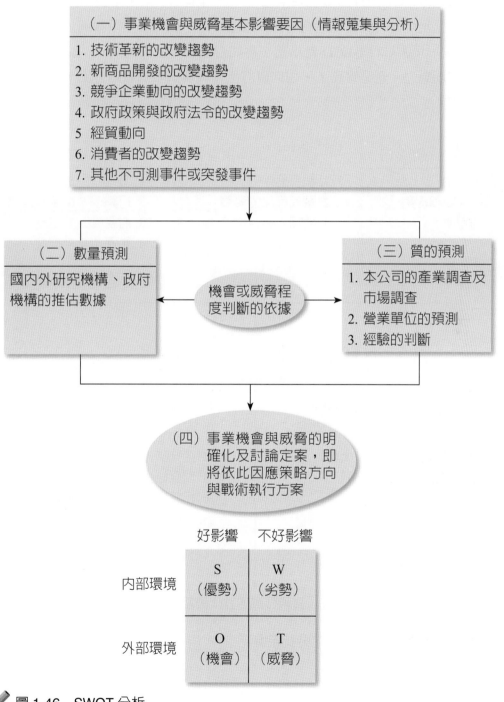

圖 1-46　SWOT 分析

六、替代（調整）戰略方案的決定

在分析過 SWOT 內外部環境要素之後，即可進一步策定本公司未來發展的替代策略，而且是可行的與實現性高的替代策略決定。例如廣達電腦進入手機代工新事業、鴻海公司進入 TFT-LCD 新事業，再如台塑石化公司進入石油產銷新事業等之戰略決定均屬之。企業實務上，如何研訂出替代與調整的戰略方案，有如圖 1-47 之分析架構。

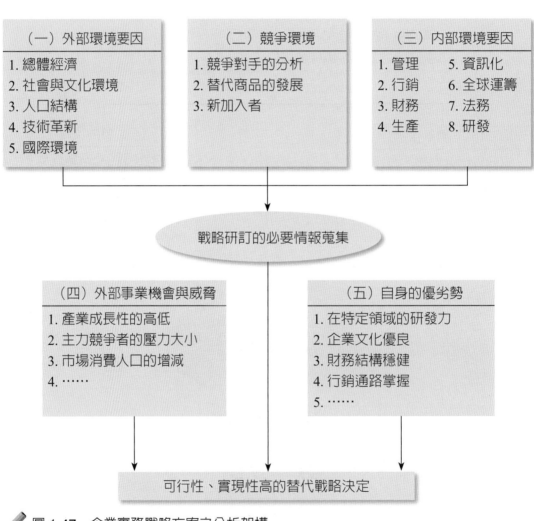

圖 1-47　企業實務戰略方案之分析架構

七、兩者策略制定的不同思考角度模式

　　一般來說，製造業與服務業分別有不同的策略制定模式，當然，這不是絕對的區別，有時也會有交叉出現的案例。

　　‧製造業偏向公司既有的獨特核心能力為出發思考點，以開展新市場商機。

　　‧而服務業則較偏向消費者立場與需求為出發點，以開拓新事業。

（一）經營資源方案：製造業常用策略制定的方案

製造業決定模式

本公司獨特核心
專長／能力

探索事業範疇
的市場商機

圖 1-48　替代戰略方案的策定與選擇程序

案例

1. 台積電公司：5 奈米晶圓代工業務→升級到 3 奈米晶圓代工業務。

2. 聯發科技公司：PC 的 IC 設計→ DVD 機 IC 設計→無線通訊 IC 設計。

3. 統一食品：速食群、糧油群、飲料群、保健食品群等。

（二）市場機會導向方案：服務業常用策略制定的方案

製造業決定模式

從市場機會、顧客需求
出發，探索事業範疇

開始強化自己的核
心專長、能力

找環境商機而去做

圖 1-49　事業範疇、市場機會與核心競爭力的關係

八、願景經營（Vision Management）與情境規劃（Scenario Planning）

（一）永續經營的二大主軸

企業談永續經營，有多項門路或方式，其中有兩個方向值得推崇，其一：是眾所皆知的願景經營（Vision Management），著重在開創未來；其二是情境規劃（Scenario Planning），重點在防患未然的各種假設狀況及因應方案。

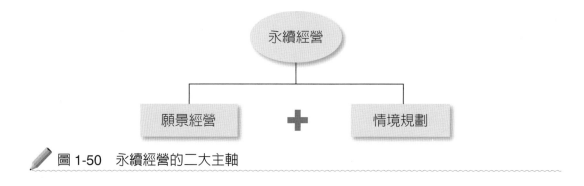

圖 1-50　永續經營的二大主軸

（二）何謂「願景經營」（Vision Management）

所謂願景經營，就是企業經營者要把企業最終的經營目標帶往何處，以及想成就什麼偉大目標。

人有願景，才會有活下去的力量；企業有願景，才能不斷提升競爭力，邁向最高、最遠的目標。試舉例如下：

1. 美國國家願景：世界第一大強國、自由民主的捍衛者與世界警察角色。
2. 台積電公司願景：世界最大的晶圓代工大廠。（如今已達成了）
3. 廣達電腦公司願景：全球第一大量產的筆記型電腦（NB）代工大廠。
4. 鴻海精密公司願景：全球最大電腦硬體系統組合大廠及手機代工大廠。
5. 統一食品集團願景：亞洲第一大食品及零售流通集團。

（三）願景典範：台積電公司的願景，隨時代之演進而有不同

台積電的新願景是什麼？張忠謀說，1987 年以前是要活下去，當 1995 年繼續生存不是問題的時候，台積電將願景提升為優秀的、最主要的晶圓代工廠，就是在價格、品質等都要比別人好一點，讓客戶在心甘情願下多付一點錢。而 2003 年的新願景，是從過去單純的要成為全球最大、聲譽最佳的晶圓代工廠，微妙的轉變為

與晶圓廠、整合元件廠合作，成為半導體業界最堅強的競爭團隊。

願景有幾點特性：

1. 願景不會隨時改變，它是一種具有穩定性、長遠性與戰略性的概念與方向
   指針。一般來說，願景在 5 年內是不會輕易改變的。如果是每年都會改變
   的東西，哪叫做目標與計劃。因此，願景就像是國家的根本「憲法」一樣，
   只會修憲，但不會輕易制憲。

2. 願景通常由高階經營者或經營團隊所共同策定，並使全體員工共同遵守。

3. 願景具有一種驅動力（Drive），促使企業不斷向前走的動力，沒有願景或
   願景不明的企業，將會喪失全體人員的動力。

（四）何謂情境規劃（Scenario Planning）

1. 情境規劃是一種前瞻未來、防患未然的決策工具，它藉由了解與分析，對
   未來具有重大影響的各種變動因素，配合去想像可能發生的各種情景，再
   針對這些情景，提出應對做法與決策。

2. 情境規劃的重點不在預測未來，而在防患未然，在預警與了解一些影響未
   來的重大因素或力量，以及可能的結果。防患未然可以使企業免於走入陷
   阱或走錯方向，達到永續經營的目的。

3. 研究對企業有重大影響的因素，可以由宏觀與微觀兩個角度來探討。所謂
   宏觀，觀察的是企業外在環境對未來成長的影響；而微觀，則反省企業內
   在產業的狀況，以及因競爭情勢所造成的可能變化。

（五）影響情境規劃的內外部因素

對企業有重大影響的因素，包括：政治因素（Political）、產業環境因
素（Industry）、經濟因素（Economic）、社會因素（Society）與技術因素
（Technology）及競爭者因素（Competitor）等六大類，一般用「PIESTC」來表示。
情境規劃就是特別針對這六大因素作蒐證、推理與研究，再假想其可能發生的影響
與情景，以便提出對策。

1. 政府的法令是否有所變更、政策是否有所轉變、對行業有何限制、所得稅
   是否年年提升等，這是政治因素。

2. 一個地方能否持續提供適當的資源，以讓企業繼續繁榮，這是產業環境因
   素，譬如廉價勞力、土地、電力、交通等。

3. 整個大環境發展的趨勢，是否有利經濟，企業是否勤做耕耘，或產業上下游是否同往外流等，這是經濟因素。

4. 居民會不會歡迎或信任，會不會抗拒在當地設廠，緊鄰工業用地是否有養雞場等問題，這是社會因素。

5. 是否會因技術的創新而淘汰現有技術，新技術對本行業會有什麼影響等，這是技術因素。

6. 另外，競爭者因素的變化，也會對公司產生影響。

(一)

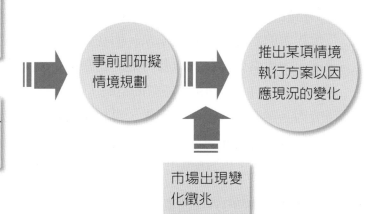

外部六大因素
1. 政治因素
2. 產業環境因素
3. 經濟因素
4. 社會因素
5. 技術因素
6. 競爭者因素

(二)

內部因素
1. 企業優勢資源
2. 企業劣勢資源

事前即研擬情境規劃

推出某項情境執行方案以因應現況的變化

市場出現變化徵兆

圖 1-51　影響情境規劃的內外部因素

　　企業針對上述六項因素做外在環境的分析，也要針對內在產業的競爭與發展情況做研討。麥可‧波特（Michael Porter）的五力競爭理論及一般的 SWOT 分析，包括：外界環境之機會與危機，內部能力之優勢或劣勢兩方面，是非常有效的工具。

（六）情境規劃的思考原則

　　情境規劃的做法，就是在組合各種專家與經營者，藉一連串有關外在環境與內在產業情勢的問題，彼此互相發問，想像可能發生的情景與對企業的利弊，再將問題集中，專注在幾個可能性較高的問題，配合研擬應變的決策。並不是所有假想的情景都會發生，而是當問題發生時，企業早已有適當的因應對策，可以未戰就先勝，掌握領先的地位。

（七）「願景經營」加「情境規劃」：才能永續經營

　　「願景經營」是讓企業找到未來的目標，想像未來企業的形象，帶動企業往所規劃的願景發展；「情境規劃」則讓企業知道前景發展的機會與障礙，開啟不敗的眼光，創造不敗的遠見，讓企業立足於所見的未來。有遠見的企業家，能懂得善用這兩項法寶，讓企業永續經營。

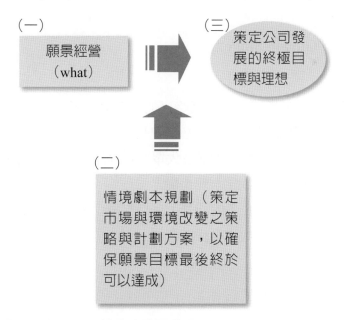

圖 1-52　願景經營與情境規劃的互動關聯性

第四節　穩定策略與成長策略

一、穩定策略（Stability Strategy）

（一）意義
係指企業以一種小幅度成長的策略。

（二）採行理由
1. 穩定策略的風險較小。
2. 企業組織體內所有成員對穩定策略最能適應。
3. 企業在歷經高度快速成長後，極需一段喘息期間，以求做好事後控制。
4. 企業營運正常發展，沒有必要去破壞其規則。
5. 企業在面臨未可預測及變動的環境中，必須尋求紮穩動作。

二、成長策略（Growth Strategy）

（一）採行理由
1. 在急速變化的產業裡，穩定策略可能會帶來短期內的成功，但在長期上卻會導致敗亡。因此，為了生存必須成長。
2. 許多高階主管、外資投資機構及大眾股東等認為，成長就代表經營效能高。
3. 企業家權力、地位、欲望永無止境。
4. 成長策略會帶給企業更多的利潤，足以支持企業更大幅度成長的資金需求。
5. 現代企業已朝巨型化與規模經濟發展，中小型企業已失去生存空間。

（二）策略類別
發展策略的類別，如圖 1-53 所示。

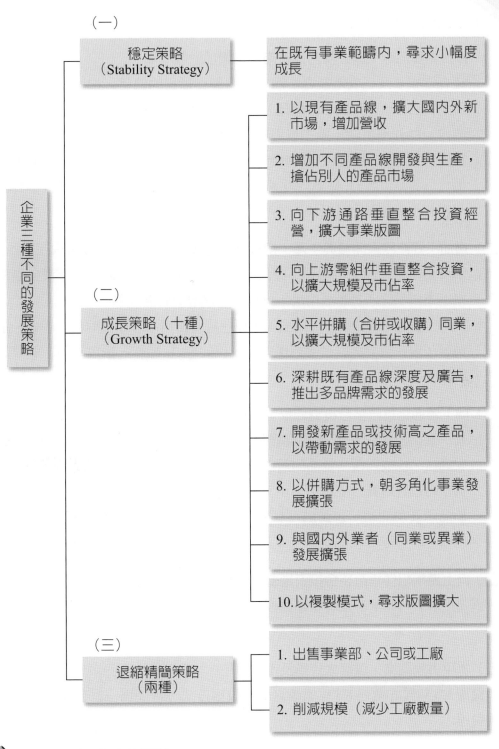

企業三種不同的發展策略

（一）
穩定策略
（Stability Strategy）
── 在既有事業範疇內，尋求小幅度成長

（二）
成長策略（十種）
（Growth Strategy）
1. 以現有產品線，擴大國內外新市場，增加營收
2. 增加不同產品線開發與生產，搶佔別人的產品市場
3. 向下游通路垂直整合投資經營，擴大事業版圖
4. 向上游零組件垂直整合投資，以擴大規模及市佔率
5. 水平併購（合併或收購）同業，以擴大規模及市佔率
6. 深耕既有產品線深度及廣告，推出多品牌需求的發展
7. 開發新產品或技術高之產品，以帶動需求的發展
8. 以併購方式，朝多角化事業發展擴張
9. 與國內外業者（同業或異業）發展擴張
10. 以複製模式，尋求版圖擴大

（三）
退縮精簡策略
（兩種）
1. 出售事業部、公司或工廠
2. 削減規模（減少工廠數量）

圖 1-53　發展策略的類別

三、成長策略實例說明

（一）以現有產品線，擴大國內外新市場，增加營收

1. 東森電視臺及三立電視臺，將在臺灣製作播出的節目，向東南亞及美國地區銷售節目版權或錄影帶版權，或組成國際頻道增加國外廣告收入來源等。
2. 國內一些外銷工廠，過去以美國為主要市場，後來可再擴大至日本市場或歐洲市場，主要是以爭取到新的國外客戶為主。例如廣達電腦，過去比較偏重為美國電腦 OEM 代工生產，但現在也增加日本東芝等顧客。另外，臺灣宏碁也委託廣達電腦代工生產 Acer 電腦。

（二）增加不同產品線開發與生產，搶攻別人的產品市場

1. 鴻海精密公司已成功進軍手機代工市場，為蘋果 iPhone 代工手機；從電腦市場邁向手機通訊產品市場，可以有效擴增營收額。
2. P&G（臺灣寶僑公司）美商公司，原已經營日用品，如洗髮精、香皂、紙尿褲等，現在也介入經營美容保養品，例如 SKII 品牌，搶攻國內 400 億的化妝保養品市場。

（三）向下游通路垂直整合投資經營，以擴大事業版圖

1. 統一食品公司在 30 年前投資經營統一超商（7-11）公司，目前全國 6000 多家商店，已成為統一食品的最佳銷售通路。
2. 台塑轉投資經營台塑石化公司，成為民營第一家銷售汽油公司，Formosa 石油品牌及加油站，也到處可見，台塑石化公司已成為台塑集團的賺錢公司之一。

（四）向上游零組件垂直整合投資經營，擴大事業版圖

廣達電腦公司向上游投資廣輝面板公司，以掌握液晶面板（TFT-LCD）的供貨來源。

（五）水平併購同業，以擴大規模及市佔率

錢櫃 KTV 與好樂迪 KTV 協商以交換股權方式，合併為一家公司，但仍掛雙品牌營運。

（六）深耕既有產品線深度及廣度，推出多品牌既有產品

P&G 公司就推出了四種洗髮精多品牌，包括：海倫仙度絲、潘婷、采妍、沙宣等。

（七）開發新產品或技術高之產品，以帶動新需求的發展

1. 中華電信公司推出光纖上網，取代 ADSL 寬頻。
2. 液晶電視機（LCD-TV）取代傳統 CRT 電視機。

（八）以併購方式，朝多角化事業發展擴張

日本新力（SONY）公司，併購美國八大電視公司之一，成立美國 SONY 電影公司，《蜘蛛人》等知名電影即由 SONY 哥倫比亞電影公司製作發行。

（九）與國內外業者（同業或異業）策略聯盟合作，擴張新事業或既有事業

1. 中華映管公司與日本三菱電機公司，技術合作液晶面板，友達光電公司與日本富士通公司技術合作液晶面板。
2. 明基電通公司與荷蘭飛利浦公司合資成立新公司，引進荷商的高技術。

（十）以複製模式，尋求事業版圖擴張

統一超商公司以成功經營模式，在幾年前，即轉投資成立統一星巴克公司及統一康是美公司等連鎖流通事業。此即以「複製經營模式」（Duplicate Business Model），延伸事業版圖至相同零售流通產業領域，而能有效擴大統一流通次集團的事業規模。

第五節　企業成長四大方向與三大基本策略形式

一、企業成長四大方向（從產品與市場兩大構面來看）

用最簡單與實務的角度來看一個企業尋求公司營收額的成長或事業規模的擴張，可以用「產品」與「市場」這兩個構面來分析，形成四種尋求成長的方向，如圖 1-54 所示。

（一）此處所謂的「新產品」，不一定是指十足創新的產品，有時是對既有產品的改良與革新而言。例如便利商店的國民便當、店內設 ATM；家電業的液晶

電視、彩色手機、液晶電腦、數位照相機；汽車業推出休旅車等，都是在既有產品上，不斷加以改良與創新，而能取代舊有產品的成果。

（二）另外，所謂的「新市場」，也不一定是指真正過去沒有發現的新市場，也可指在原先市場中不斷的擴充、擴大或是延伸，因為消費者或顧客市場還是這些人。

如圖 1-54 所示，可以形成四種執行策略。

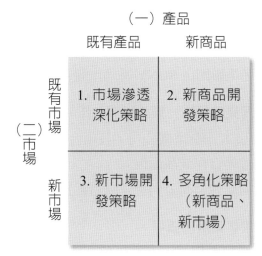

圖 1-54　企業成長四大方向策略

1. 市場滲透深化策略。
2. 新商品開發策略。
3. 新市場開發策略。
4. 多角化策略。

二、企業策略的三大基本形式

從一個比較宏觀、多元與內外兼顧的角度面來看企業成長策略，基本上有三大基本形式，如圖 1-55 所示。

1. 垂直與水平整合的成長策略。
2. 集中深化的成長策略。
3. 防衛型的退縮策略。

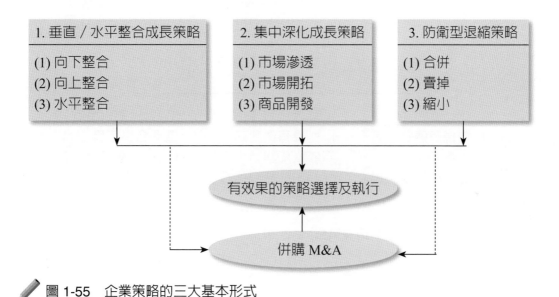

圖 1-55　企業策略的三大基本形式

三、垂直與水平整合成長策略

企業集團尋求成長策略，最常使用的即是採取向上游或向下游事業擴充的垂直整合策略，或是向水平同業合併或收購的水平整合策略。

透過這兩種模式，均可以使公司或集團的營收規模，不斷擴大成長。至於為何要進行這三種不同整合的原因，如圖 1-56 所示。

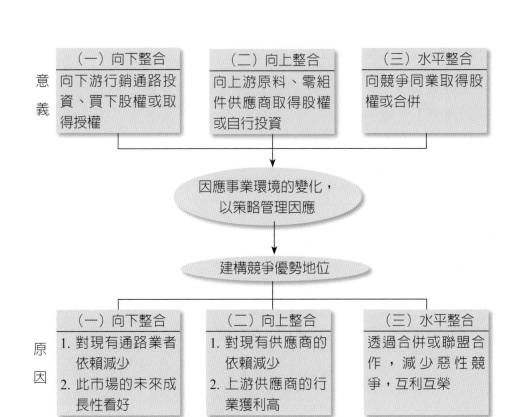

	（一）向下整合	（二）向上整合	（三）水平整合
意義	向下游行銷通路投資、買下股權或取得授權	向上游原料、零組件供應商取得股權或自行投資	向競爭同業取得股權或合併

因應事業環境的變化，以策略管理因應

建構競爭優勢地位

	（一）向下整合	（二）向上整合	（三）水平整合
原因	1. 對現有通路業者依賴減少 2. 此市場的未來成長性看好	1. 對現有供應商的依賴減少 2. 上游供應商的行業獲利高	透過合併或聯盟合作，減少惡性競爭，互利互榮

圖 1-56　垂直與水平整合成長策略

四、集中深化成長策略

另外一種不是透過垂直與水平整合策略，而獲得成長的策略，即是對現有的產品及市場，進行改善、革新與組合，而使公司現有的營收額，得以不斷成長。這是比較方便使用的策略，影響層面也比較小。

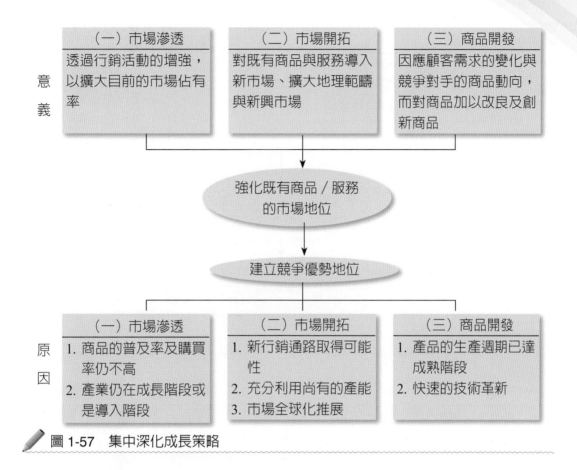

圖 1-57　集中深化成長策略

五、防衛型退縮策略

當企業在某個事業領域或某些產品領域上，因為已經無競爭力時，就會被迫採取退縮防衛策略，以避免虧損過大。這些退縮策略，可包括：合併工廠縮小規模、賣掉工廠或將整個國內工廠移到海外去等措施。

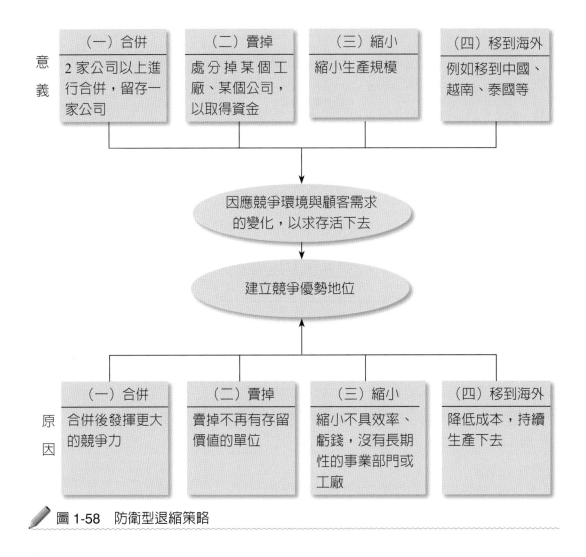

圖 1-58　防衛型退縮策略

六、十二種有效策略類型

如果從一個較完整的構面來看，有效策略的類型可以區分為十二種類型，簡述如下：

（一）市場滲透策略（Market Penetration Strategy）

係指對既有市場繼續深耕。

例如如果洗髮精以女性為主力市場，應該可以再細分為學生族群、年輕上班族群、中年女性族群及老年女性族群等，推出不同功能與不同目標市場之市場滲透策略。

案例 01

　　P&G 寶僑公司洗髮精有四種品牌，其中，采研洗髮精是給 40 歲以上女性使用，潘婷洗髮精則是給 15～25 歲年輕學生及上班族使用。

案例 02

　　《巧連智》兒童雜誌，目前已有 17 萬訂戶，亦爲分齡分版發行，有 2～3 歲、3～4 歲、4～5 歲、5～6 歲、6～7 歲看的版本，內容均有不同。（註：1～2 歲寶寶版；2～3 歲幼幼版；3～4 歲快樂版；小一生基礎版）

案例 03

　　統一企業推出哈燒名店高價速食麵系列（55 元以上），以與 20 元的低價速食麵有所區隔，同時朝高、低價兩極化市場深耕。

案例 04

　　信用卡發行有普卡、金卡、白金卡、頂級卡四種，不斷針對市場各種不同使用消費層做深耕。

案例 05

　　TOYOTA 汽車有走高級價位市場的 LEXUS，中級價位市場的 CAMRY、CORONA，以及低價位市場的 VIOS、ALTIS、YARIS 等滲透市場。

（二）市場發展策略（Market Development Strategy）

　　此係指對新闢市場的拓展。例如自行車在落後國家爲交通工具，但在先進國家則被充當爲休閒與運動的工具，其銷售市場空間就變大了。

案例 01

　　東森幼幼臺節目原先以廣告收入爲市場，後來又將節目發展爲兒童帶動唱

DVD 發行市場，增加新收入。

東森綜合臺生活智慧王節目，亦發行書籍以增加出版收入。

案例 02

最近唱片市場走懷舊風，針對三、四、五年級族群，出版以前大學時代的民歌或懷舊老歌，與學生、年輕人市場有所區隔。

案例 03

休旅車市場亦為家庭用車，開展汽車新市場。

案例 04

《聯合報》增加聯合新聞網經營，以開闢年輕上網族群市場。

（三）垂直整合策略（Vertical Integration Strategy）

此係指公司向上游零組件或原物料來源的行業展開投入、經營，包括併購或自己做。另外，也包括向下游通路零售行業之併購或自己做。

向上下游整合發展之案例：

案例 01

廣達電腦公司向上游投資廣輝液晶面板公司，以及廣明光碟機公司等。

案例 02

向下游整合發展，包括統一食品公司投資經營統一超商公司等。

案例 03

光泉公司投資下游萊爾富便利超商。

案例 04

宏碁電腦公司投資下游全國電子 3C 連鎖店。

案例 05

燦坤在廈門有小家電工廠，也投資燦坤 3C 連鎖店通路。

（四）水平併購策略（Horizontal Merger Strategy）

此係指與同業進行合併或收購，目的在於擴大生產或銷售的規模經濟，以及吸納競爭對手，減少敵人。

案例 01

國泰銀行併購世華銀行。

案例 02

中信銀行併購萬通銀行。

案例 03

錢櫃與好樂迪 KTV 合併。

案例 04

統一企業買入光泉鮮乳公司的三成股份。

（五）全球策略（Global Strategy）

布局全球，擴張在全球各地區各國的產、銷、研據點，目的如下：

1. 降低製造成本。
2. 追求營收成長。
3. 形成規模經濟量。

4. 就近服務顧客，滿足顧客。

5. 內銷市場太小，已達成熟飽和期。

案例 01 ────────────────────────────

聯強國際公司 2009 年海外營收佔總營收 60%，這些海外營收來源包括中國、東南亞等地。

案例 02 ────────────────────────────

鴻海精密電子公司在東歐捷克、布拉格、中國鄭州及深圳，甚至印度都有設立組裝廠。

（六）策略聯盟策略（Strategic Alliance Strategy）

包括合資或合作的各種方式，以尋求盟友互補性的資源，雙方形成綜效、互利互榮。盟友可以是同業或異業。

案例 01 ────────────────────────────

統一企業與日本第一品牌龜甲萬醬油合作，推出統一龜甲萬醬油。

案例 02 ────────────────────────────

統一與美國星巴克咖啡合作，取得品牌授權經營，推出統一星巴克咖啡連鎖。

（七）異業合作策略（Cross-industry Cooperation Strategy）

專指針對異業的跨產業合作。例如百貨公司或電視購物公司與銀行信用卡合作，推出聯名信用卡。

案例 01 ────────────────────────────

天仁茶葉公司與可口可樂合作，推出天仁品牌茶飲料，但透過可口可樂通路資源進行銷售。

案例 02

很多銀行信用卡與各大百貨公司、書店連鎖、量販店、3C 店等，推出聯名卡業務。

（八）低成本策略（Low-cost Strategy）

在差異化不易產生的狀況下，以及一些產品已達成熟飽和期，或是供過於求（生產工廠太多，而顧客太少的狀況），為提升價格競爭力，只有降低成本。

案例 01

家樂福量販店、大潤發等經常在其促銷月推出低價折扣戰。

案例 02

百貨公司週年慶全館八折大特賣。

案例 03

69 元書店、50 元均一價商店，以及二手貨暢貨中心等。

（九）差異化策略（Differentiation Strategy）

差異化是最強的競爭力所在，因為差異化可以創造價格的差距，避免陷入殺價惡性競爭。

案例 01

日月潭涵碧樓大飯店採取會員式高檔收費方式，並以環湖風光為其特色。

案例 02

頂上魚翅、鮑魚餐廳非常有名。

案例 03

新光三越百貨公司在臺北信義區內，開了 4 家百貨公司，分別區隔為年輕人百貨公司、綜合型百貨公司及精品型百貨公司三種不同差異特色。

案例 04

La New 皮鞋連鎖店，強調以健康氣墊鞋為特色。

案例 05

國外頂級精品 LV、Fendi、Prada、YSL，均屬差異化名牌產品。

（十）多角化策略（Diversified Strategy）

在全球經濟好景氣時，企業可以採用多角化經營，以擴張事業版圖。但研究顯示，其相關的多角化比較容易成功，而不相關的多角化則不易成功。

案例 01

台鹽公司：原先販售鹽品，現在又進入美容保養品領域。

案例 02

台糖公司：原先販售糖，現在又做生技健康食品。

案例 03

東森媒體集團：原先經營電視臺，現在又做電視購物及型錄購物事業。

（十一）投資擴大策略（Expanding Scale Strategy）

有不少產業必須要達到規模經濟才會有競爭力，或是技術與產品必須不斷升級才有競爭力，因此擴大投資亦成為一種必要策略。

案例 01

台塑石化公司（台塑石油）在雲林麥寮廠，不斷擴大每日石油的生產規模。

案例 02

台積電公司從竹科園區的 5 奈米晶圓廠，擴張投資到南科園區的 3 奈米晶圓廠。

（十二）產品發展策略（Product Development Strategy）

產品發展策略是企業最主要的一種策略。因為，只有不斷推出改革產品或創新產品，企業的營收、市場、地位、市佔率才會跟著成長或保持領先。

案例 01

三立電視臺成立戲劇製作中心，廣招劇本編劇人才，發展高品質的本土節目產品。

案例 02

廣達電腦成立 1000 人大型研發中心，希望開拓未來的新科技產品。

案例 03

數位照相機、液晶電視機、4G 及 5G 手機等，均取代了舊有的產品。

案例 04

統一 7-11 推出新的鮮食賣品及服務性產品，以尋求營收成長。

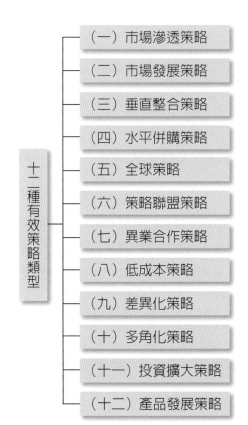

圖 1-59　十二種有效策略類型

七、實務上，企業成長策略推動的十一大實務步驟

　　以作者本身在企業界工作十六年的經驗，總結來看，企業在推動成長策略的過程，可以細分為十一大步驟，當然，為了時效起見，亦經常會合併一、二個步驟一起進行，不可能依此步驟慢慢來。

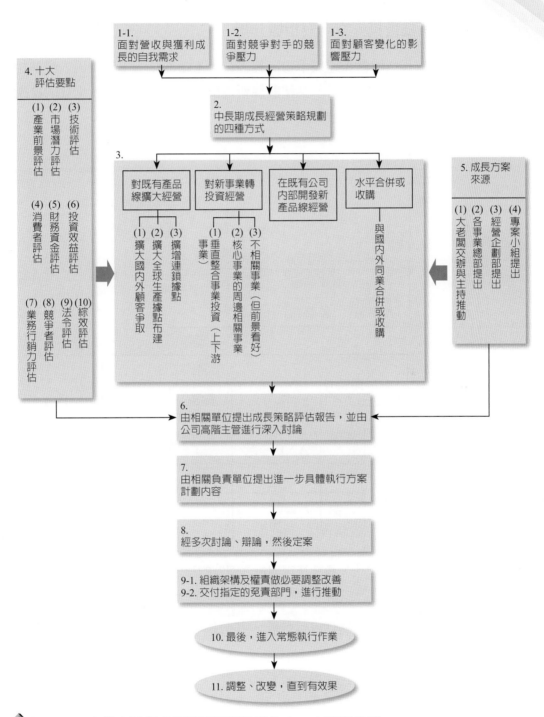

圖 1-60　企業中長期成長策略規劃推動的十一大實務步驟

八、新事業與新技術投入方向與指標分析

　　企業為追求成長與維繫長遠競爭力，也經常會不斷從核心事業中再去發展相關周邊新事業、全新的事業，或是對某種關鍵新技術的投入。而有關新世代的技術與事業投入設定分析及方向，大致如圖 1-61 所示。

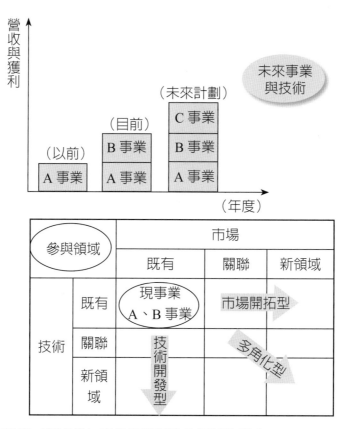

圖 1-61　次世代（新世代）事業技術與投入領域的設定

　　至於對新事業開發是否具有可行性時，其分析項目，如圖 1-62 所示，有兩大類及十三個小項。

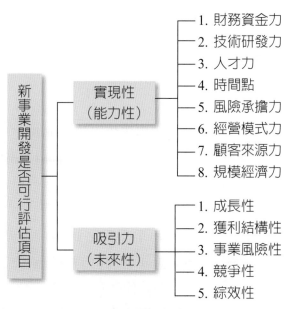

圖 1-62　新事業開發是否可行的評估重點項目

九、以「顧客為起點」的行銷策略規劃七步驟

如果我們把策略規劃的進行，集中在以顧客為起點的行銷策略方向上，則有七個制定策略步驟，如圖 1-63 所示。

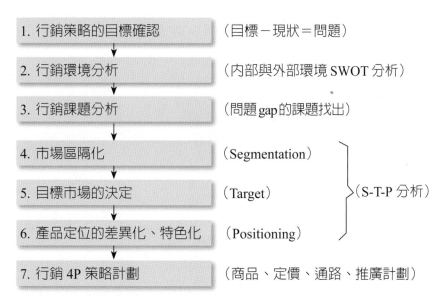

圖 1-63　以顧客為起點的行銷策略規劃七步驟

案例 以 TOYOTA 低價車 VIOS 及 ALTIS 品牌車款為例

行銷策略規劃七步驟

		案例說明
1. 行銷策略的目標確認	→	以達成讓年輕人族群能夠在年輕時就能買得起車子，以開拓年輕族群用車市場目標。
2. 行銷環境分析	→	本汽車公司在當前整個汽車市場與消費者市場之 SWOT 分析。
3. 行銷課題分析	→	本公司車型過去以中壯年及中高所得族群居多，對年輕族群的車型研究不多，以及年輕人對車型有什麼看法呢？
4. 市場區隔化（S）	→	以年輕族群為主力區隔。
5. 目標市場的決定（T）	→	以 20～30 歲、白領上班族、中高學歷、中低所得、男女不拘的目標人口為主。
6. 產品定位（P）	→	讓年輕族群買得起又買得喜歡的流行車。
7. 行銷 4P 計劃	→	定價：45 萬元以內，可以 5 年分期付款，輕鬆買車，以及廣告宣傳、通路布置等。

策略行銷 S-T-P 流程		
（一）	S：市場區隔 （Segmentation）	1. 地理區域 2. 人口統計（性別、年齡、收入、職業） 3. 心理類型 4. 行動類型 5. 忠誠度類型 6. 態度類型
（二）	T：目標市場 （Target）	1. 單一集中區隔 2. 特定化選擇 3. 特定化產品 4. 特定化市場

	P：市場定位（Positioning）	1. 產品的差異化 2. 服務的差異化 3. 員工的差異化 4. 形象的差異化 5. 品牌的差異化 6. 技術的差異化 7. 公司策略的差異化 8. 通路的差異化 9. 定價的差異化 10. 顧客對象的差異化
（三）		

茲例舉如下：

（一）TOYOTA 新款車「VIOS」

S（區隔）	T（目標對象）	P（定位）
· 以年輕族群的購車需求為主（過去都是 30 歲以上的中產階級購車族）	· 以 20～30 歲的男、女上班族為目標對象，他們年紀輕，薪水收入也並不算高	· 定位在年輕族群，人人可以買得起的轎車 · 提供 5 年期分期付款，每期（每月）只要繳 5000～6000 元就可以了

（二）SKII 化妝保養品

S（區隔）	T（目標對象）	P（定位）
· 以中高所得及中上年齡的女性族群為區隔市場	· 以 30～50 歲女性，職業婦女中高所得，或是家庭收入佳的家庭主婦為目標對象	· 定位在高級品牌與高級品質的美容保養品，並聘請知名度高之影歌星作為廣告代言人

第六節　策略方案執行具體化的管理課題

一、管理課題具體落實架構

對於策略方案具體化落實的相關管理課題方面，主要由兩個大的構面來分析。

第一是策略公司的短、中、長期營運目標，主要以財務績效面的數據化效益目標為主軸，其他非財務數據效益目標為次要。

第二是談到對公司相關組織、人力資源及生產據點，做必要的「結構再重組」（Restructure）與「流程再造」（Reengineer），如圖 1-64 所示。

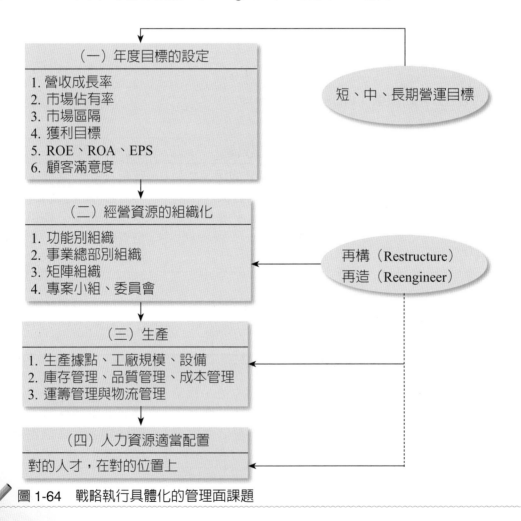

圖 1-64　戰略執行具體化的管理面課題

　　茲分別詳述如下各項內容說明：

二、短、中、長期目標的設定

　　對於公司研訂短、中、長期營運績效目標的設定，主要以營收成長、市佔率、股東權益報酬率（ROE）、資產報酬率（ROA）、每股盈餘（EPS）等具體數據目標為主。這些都代表著公司最終營運成果的好與壞，包括與自己所訂的目標比較，以及與主要競爭對手相比較等。

　　唯有透過目標的設定，企業才能有方向與目標打拼奮戰下去。然後，也才會有賞罰分明的裁判指標。因此，目標的設定是非常重要的。

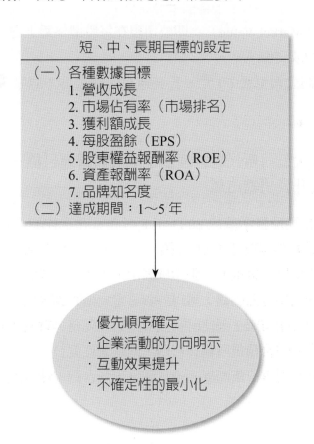

短、中、長期目標的設定

（一）各種數據目標
　　1. 營收成長
　　2. 市場佔有率（市場排名）
　　3. 獲利額成長
　　4. 每股盈餘（EPS）
　　5. 股東權益報酬率（ROE）
　　6. 資產報酬率（ROA）
　　7. 品牌知名度
（二）達成期間：1～5 年

‧優先順序確定
‧企業活動的方向明示
‧互動效果提升
‧不確定性的最小化

圖 1-65　企業短、中、長期目標的設定

營運績效的「指標」，有哪些是常見的？

（一）稅後盈餘或淨利額（億元）：即每年賺多少元。

（二）稅後每股盈餘（Earnings Per Share, EPS）：即每股賺多少元。

（三）股東權益報酬率（Return on Equity, ROE）：即稅後淨利額除以股東權益總額。

（四）資產報酬率（Return on Assets, ROA）：即稅後淨利額除以資產總額。

（五）毛利率（Gross Profit Ratio）：營收額扣減營業成本後，即為毛利額，再除以營收額，即為毛利率。

（六）稅後純益率（Net Profit Ratio）：即稅後純益額除以營收額，即為稅後純益率。

（七）市場價值（Market Value）：即公司現在每股價格乘上在外流通總股數，即為市場上的成交值。

例如統一超商公司每股 60 元，若流通在外股數為 7 億股，即該市場價值為 420 億元。

案例 台灣大哥大公司新任總經理張孝威最高營運目標——追求最大股東價值與提升公司總市值

台灣大哥大總經理張孝威於 2003 年 8 月在富邦金控集團董事長蔡明忠力邀下，正式履新，當日外資買超 7000 餘張，累計 7 月底張孝威人事案曝光以來，外資加碼台灣大逾 1 億股（萬張）。張孝威表示，主要是台灣大營運、財務透明度提升，加上推動公司治理方向明確，獲得外資肯定。他強調，上任後最高營運目標在追求股東價值與提升總市值，因此財務瘦身是第一要務，讓負擔比率降低。

由於張孝威之前在台積電財務長任內，同時兼任發言人，表現深獲外資法人好評，因此當 7 月底台灣電信集團曝光張孝威將出任台灣大總經理與執行長後，外資連續加碼。

三、組織架構的配合調整

事實上，組織架構必須配合公司策略的改變而改變。例如公司系列產品有了變化、願景有了變化、顧客群有了變化、轉投資有了變化、事業範疇有了變化、地理

範疇有了變化、服務體系有了變化、研發產銷功能有了變化，甚至高階主管有了變化等，都會影響組織架構、組織編製人數、組織功能、指揮順序，以及人才素質與重點等，必須做相應的變化才行。

例如廣達電腦公司在 2003 年宣布成立 1000 人以上工程研發人員的專屬「廣達研發中心」，再如鴻海精密公司在 2003 年成立群創光電公司，正式進入第 5 代 TFT-LCD 液晶面板的科技行列。

又如廣達電腦公司，在 2003 年底成立東歐捷克布拉格及美國田納西州的電腦及伺服器組裝工廠，以達到全球直接出貨（GDS）競爭力目標。這些策略案例，均會帶動該公司組織架構的改變，然後才能有效的執行策略計劃。

一般來說，大型企業的組織架構，已朝向「事業總部」的設計模式，由事業總部集中一切的產、銷、研之權力，但也負責獲利責任中心之經營。

而在中小企業的組織模式，由於營業額、產品數、顧客數及其他相關規模都算小，因此，採取「功能部門別」的組織模式較屬常態。

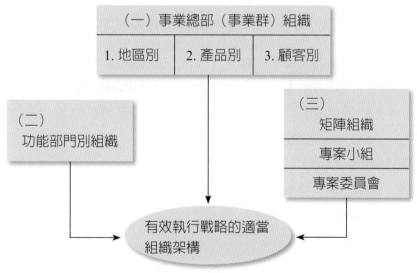

圖 1-66　三種不同組織架構的模式

此外，在跨國性大型公司中，因產品與市場的程度複雜性，也會出現矩陣型組織的模式，如圖 1-67 所示。

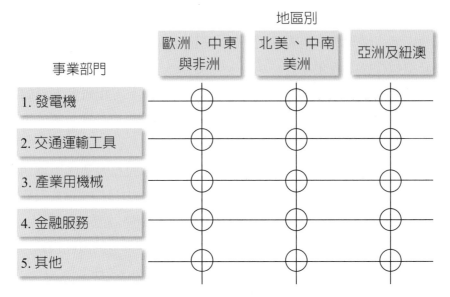

圖 1-67　歐洲最大重機製造公司 ABB（Asea Brown Bove）之全球矩陣組織

四、企業「十一種部門功能」的強化與競爭優勢的建立

就實務來說，企業競爭優勢的建立，雖說在於強調成本領先優勢、差異化優勢及利基特色優勢等三個方向上，但是要具體落實，則仍要反應在各個功能部門的實踐上來決定。而比較重要的功能部門，包括十一個功能：

1. 研發（R&D）功能的強與弱。
2. 採購功能的強與弱。
3. 生產、製造功能的強與弱。
4. 行銷、業務功能的強與弱。
5. 全球運籌功能的強與弱。
6. 售後服務功能的強與弱。
7. 資訊化功能的強與弱。
8. 財務功能的強與弱。
9. 智慧財產權（法務專利）功能的強與弱。
10. 市場研究功能的強與弱。
11. 策略規劃功能的強與弱。

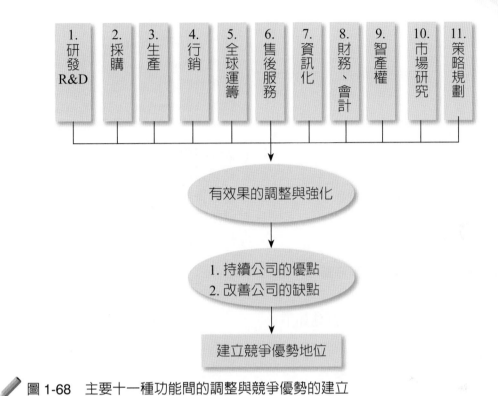

圖 1-68　主要十一種功能間的調整與競爭優勢的建立

九項經營資源

從另個角度來看，企業經營資源的強與弱，亦可區分為下列九項經營資源，包括：

1. 人力資源。　　　　4. 資訊情報資源。　　　7. 通路資源。

2. 財力資源。　　　　5. 產品資源。　　　　　8. 推廣資源。

3. 設備資源。　　　　6. 價格資源。　　　　　9. 技術資源。

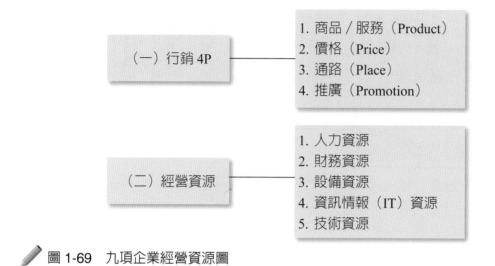

（一）行銷4P
1. 商品／服務（Product）
2. 價格（Price）
3. 通路（Place）
4. 推廣（Promotion）

（二）經營資源
1. 人力資源
2. 財務資源
3. 設備資源
4. 資訊情報（IT）資源
5. 技術資源

 圖 1-69　九項企業經營資源圖

茲就其中幾項主要功能，詳述如下：

五、行銷功能面與策略方案

行銷功能所延伸出來的具體行銷策略，是九種功能面中，最重要的一種，因為它涉及到公司收入業績的來源。

而在行銷策略與行銷計劃研訂方面，可以包括九項內容，如圖 1-70 所示。公司必須強化及改善這九種行銷計劃，包括：

1. 顧客分析。
2. 行銷研究。
3. 市場商機分析。
4. 供應廠商分析。
5. 商品計劃。
6. 定價計劃。
7. 推廣與品牌計劃。
8. 通路計劃。
9. 行銷研究。

而對於行銷任務而言，最重要的仍在於以「顧客需求」為火車頭，然後進行研發（R&D）及生產活動，才能為顧客創造物超所值的產品。

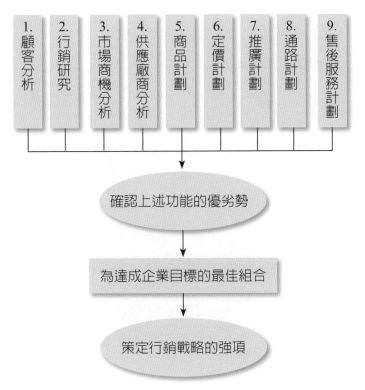

圖 1-70　行銷的九大功能與工作內容

案例 **零售店 POS 資訊系統 —— 已成為行銷致勝之關鍵工具與技術 ——**

　　各零售通路都已明瞭，未來誰能夠利用銷售資料，靈活調整商品與行銷策略，牢牢掌握消費者，就是致勝關鍵。因此，資訊系統已然成為超商生存競賽的必要投資。

（一）全家便利商店

　　全家便利商店投資 3 億多元更換的銷售時點管理系統（Point of Sales, POS）於 2003 年 8 月剛完成。結帳的櫃檯有個面對顧客的小螢幕，撥放全家正上檔的廣告，各式好吃、好康、好玩的訊息都在螢幕裡。

　　全家第二代 POS 系統最強的功能就在於資訊分析能力，總部可以更即時蒐集到單店、單項商品、購買時間和消費客層共四項資料。行銷企劃、商品採購與營業部門可以從中讀出更多市場資料，立即研判市場動態、修改商品、市場與行銷策略。

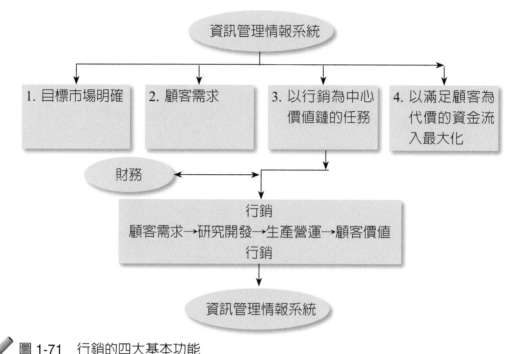

圖 1-71　行銷的四大基本功能

目前，全家正組成「跨部會小組」，決定軟體開發程序，來分析這些資料，從中「淘金」。

不僅是超商總部要具有解讀 POS 的功力，現在連便利商店的店長也要認真研究 POS 傳來的商品與市場資訊。

六、財務比率面與策略方案

對於財務策略方案的制定，必須注意到這些策略對公司四種財務構面的影響如何，這四項包括：

（一）對流動性的影響有利或不利。

（二）對財務槓桿影響有利或不利。

（三）對資產運用影響有利或不利。

（四）對收益運用影響有利或不利。

上述每一項均有重要的指標數據比例，作為變化的評估分析。例如對於收益性而言，現在愈來愈重視每股盈餘（EPS）及股東權益報酬率（ROE）兩項指標。

　　以實務面而言,企業界較常用到且較爲重要的財務分析比率,主要有下列四大類及十三小項,如圖 1-72 所示。

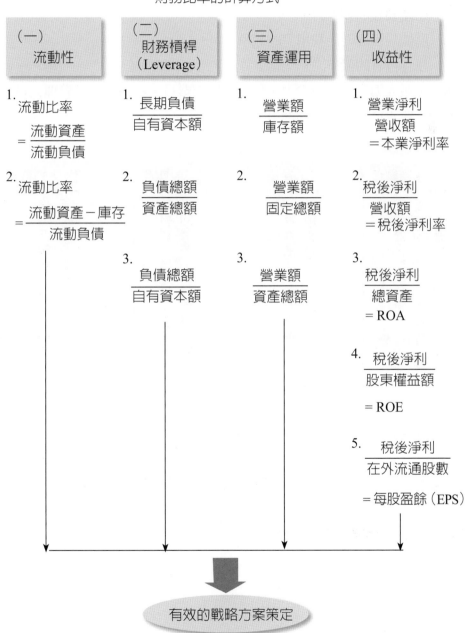

圖 1-72　四大類財務比率的關係架構與內容

七、生產功能面與策略方案

在生產功能面，如何創造出生產功能面的優勢，以與策略方案相呼應，主要在五種構面的不斷改善提升，而能領先競爭對手，包括：

（一）生產製程的競爭力。

（二）產能規模與產能利用率的競爭力。

（三）庫存控管的競爭力。

（四）工廠人力資源的競爭力，包括現場作業員、技術人員及管理人員。

（五）品質水準與穩定性的競爭力。

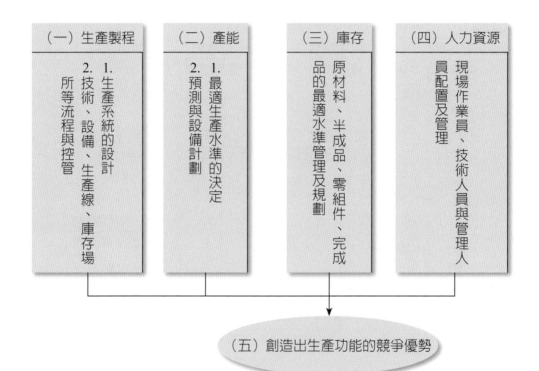

（一）生產製程
1. 生產系統的設計
2. 技術、設備、生產線、庫存場所等流程與控管

（二）產能
1. 最適生產水準的決定
2. 預測與設備計劃

（三）庫存
原材料、半成品、零組件、完成品的最適水準管理及規劃

（四）人力資源
現場作業員、技術人員與管理人員配置及管理

（五）創造出生產功能的競爭優勢

✎ 圖 1-73　生產與營運的五大基本功能

八、管理資訊情報系統（MIS）與策略方案

　　管理資訊情報系統提供了公司相關經營決策，另外，也協助達成各功能部門的自動化作業提高效率的目的。因此，資訊系統是一個重要配套輔助的機制。現在資訊系統的發展非常迅速，主要核心系統包括：

　　（一）企業資源規劃系統（ERP）

　　（二）顧客關係管理系統（CRM）

　　（三）供應鏈管理系統（SCM）

　　（四）決策支援系統（DSS）

　　（五）其他（例如公司入口網站、知識庫系統等）

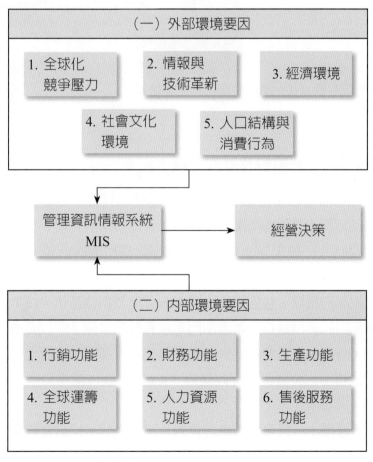

圖 1-74　管理資訊情報系統（MIS）的任務

九、IT 革命所帶來的競爭力

資訊科技（IT）對企業營運，可以產生四種結果，如圖 1-75 所示。

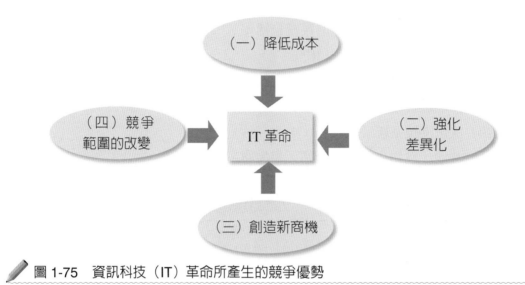

圖 1-75　資訊科技（IT）革命所產生的競爭優勢

十、公司年度預算如何編製及五大步驟

　　大型公司在每個年底（12 月分）時，至遲於 1 月初，都應該會編製該公司最新年度的財測或預算，以作為內部的營運目標管理與績效管理。另方面，也是對外部股東大眾的交代。一般來說，採取事業總部組織型態的公司，其年度預算的編製，大約由兩種組合而成。

（一）各事業總部的預算，包括營收、成本、費用及損益預估。按年及按月編列。

（二）各幕僚部門的費用預算。幕僚部門是沒有營收來源，所以必須將此費用按一定比率，分攤到各事業總部去負擔。這些幕僚部門，可能包括財務、會計、企劃、法務、人力資源、行政總務、R&D 研發、董事長室、顧問室、公共事務部、專案組等。

　　在預算績效管理中，最重要的應該是每月定期檢討，檢討實際與預算達成的比較差異，然後採取調降財測或加強營收與獲利的具體措施。

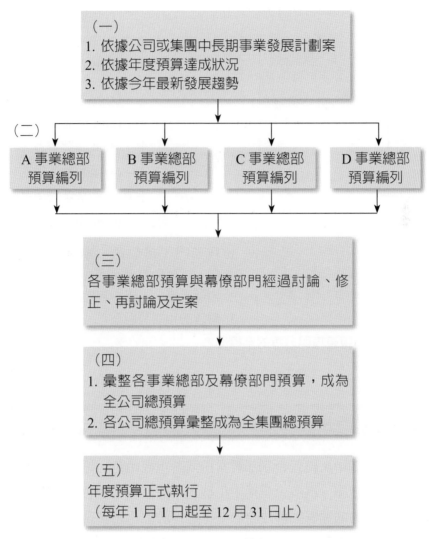

（一）
1. 依據公司或集團中長期事業發展計劃案
2. 依據年度預算達成狀況
3. 依據今年最新發展趨勢

（二）

| A 事業總部
預算編列 | B 事業總部
預算編列 | C 事業總部
預算編列 | D 事業總部
預算編列 |

（三）
各事業總部預算與幕僚部門經過討論、修正、再討論及定案

（四）
1. 彙整各事業總部及幕僚部門預算，成為全公司總預算
2. 各公司總預算彙整成為全集團總預算

（五）
年度預算正式執行
（每年 1 月 1 日起至 12 月 31 日止）

圖 1-76　公司別及各事業總部年度預算如何編列（五大步驟）

十一、經營情報蒐集分析

策略的研訂之前，對各種經營情報的蒐集、歸納、分析，以及做出對公司的決策性建議，是高階幕僚人員重要的工作執掌。

經營情報可以區分為外部情報及內部情報兩種。透過這兩種情報的交互評估及分析，就可以獲致相關的影響結果及對策建言。一般上市、櫃的大公司或大企業集團，經常會有一個專責的單位負責此項事務的推動。

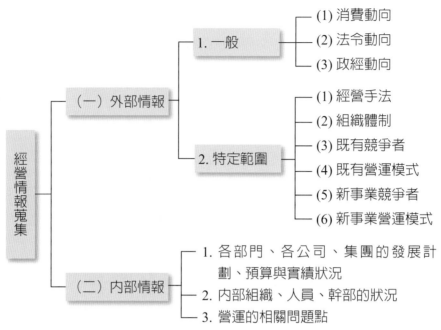

圖 1-77　經營情報蒐集與分析的全構面

 第七節　經營企劃部的功能執掌與策略形成的步驟

　　在大型企業集團中，經營企劃部經常扮演著重要角色。這一群企劃幕僚是公司與集團發展的重要智庫。很多企業從中小型企業成長到大型企業或集團企業，經營企劃部是一種最有力的運籌帷幄決勝於千里之外的催化劑與策略規劃機制。

一、經營企劃人才不易養成

　　通常，在企劃人員中，階層與能力最高的一群，要算是「經營企劃部」的人員了。他們不但學歷高、能力強、表達力好、思考縝密、撰寫速度快，而且整合能力與前瞻性均相當不錯。

　　這種人雖很重要，但卻不易培養，因為他們要具備多元化、多層次、多方向的知識、能力與經驗。但這不是 1 年、2 年可以輕易培養出來的，沒有 8 年、10 年的歷練及自我提升，是不可能成為優秀的高階經營企劃幕僚或主管。

二、經營企劃部的五大職掌功能

經營企劃部的重要執掌功能有五大項，分別說明如下：

（一）中長期營運計劃業務

經營企劃部是全公司負責中長期產業發展經營計劃與策略分析最主要的部門。實務上來說，公司高階經營者除了重視短期內（1 年內）業績目標的達成外，他們也很重視公司未來 3 年、5 年或 10 年後的變化與布局。換言之，公司董事會或董事長要站在更前瞻與更高、更遠的視野上，規劃未來 10 年的事業範疇領域，營收成長目標、核心競爭力與全球布局計劃。而能夠從今天的基礎上，一步一步爬升，向 10 年後的願景目標階段努力的完成。

有關中長期經營計劃業務，可以區分為集團及公司兩種不同層次。

1. 集團中長期經營計劃策定

　　(1) 集團相關聯的公司內外部資訊情報的蒐集、分析、評估與對策建議。

　　(2) 集團整體經營方針與目標的立案確定。

　　(3) 集團統一的經營計劃策定的模式開發。

　　(4) 與集團共通課題的詮釋與方針立案。

　　(5) 集團經營會議的舉辦。

　　(6) 集團企業的功能別統合計劃的完成。

2. 公司中長期經營計劃策定

　　(1) 公司內外部情報蒐集、分析、評估與對策建議。

　　(2) 經營方針與目標的立案。

　　(3) 經營計劃策定的方式開發及選擇。

　　(4) 經營計劃的策定。

3. 撰寫營運計劃書（外部單位）

在策定公司或集團中長期經營策略與計劃之後，接下來就是要對這些策略與計劃，進行「戰略管理業務」。所謂戰略管理業務，主要是針對各大經營計劃、年度預算及營運效率等，進行追蹤考核比較、分析及建議對策。

唯有如此，才能確保各種策略方向、經營方針與年度預算，均能在正確的道路上，穩健有效向前推進，並獲得最後優越的財務績效。

1. 中長期經營計劃的追蹤管理與實績比較分析
   (1) 每季總檢討。
   (2) 部門結構變革分析。
   (3) 對策提案。
2. 對公司年度預算的綜合管理與實績比較分析
   (1) 和部門每月進行檢討預算達成率。
   (2) 主要變化及原因掌握。
   (3) 重要對策的提案。
3. 對集團企業的營運與管理效率化提升
   (1) 集團組織架構的設立、合併、退出再編。
   (2) 效率化課題。
4. 對上述各項行動的提案與推動
   專案小組或專案委員會的成立與推動。

（二）組織體制活性化業務

　　「組織」是公司的基礎，也是管理循環內重要的一個環節。如果組織不強，那麼企業就不能成為卓越企業。

　　目前業務上常見的組織體制缺點，大約有以下十點：

1. 組織架構未隨策略、營運方向的改變而改變。
2. 組織日漸老化與官僚。
3. 不良的組織文化與企業文化，留不住好人才。
4. 組織與人事制度過於僵化、老化，不夠公平性與激勵性。
5. 董監事會的功能沒有發揮，只是行禮如儀的官僚式報告會議而已，沒有達到公司治理的目標。
6. 集團各公司各行其事，或公司各部門各行其事與本位主義，使集團資源及公司資源未能充分整合發揮及選用。
7. 公司重大決策模式不當，產生偏差與損失。
8. 公司的關鍵人才與核心人才不足或流失，無法因應下一階段技術、產品與市場之激烈挑戰。
9. 公司急速擴充與全球布局快速展開，使派出海外的人才明顯不足。

10. 海外各產銷據點之人力管理與組織管理之需求增大。

下列乃經營企劃所負責之組織體制活性化業務項目：

1. 集團與各公司組織架構再設計
   (1) 集團架構。
   (2) 事業群架構。
   (3) 公司架構。
   (4) 總幕僚架構。
2. 董事會等本公司組織改革策定
   (1) 外部獨立董事導入。
   (2) 各種委員會設置。
   (3) 經營決策委員會設置。
3. 人事制度的革新
   (1) 集團人事交流。
   (2) 績效、年薪制導入。
   (3) 公司內部創業。
   (4) 高階人事晉升。
4. 體質改善的提案與推動
   (1) 公司體系與文化革新。
   (2) 公司制度革新。
5. 與外部組織的交流及合作
   (1) 與學術界（大學）。
   (2) 與研究機構。
   (3) 與政府行政主管單位。
   (4) 與同業。
   (5) 與異業。
6. 經營模式的再建構
   (1) 集權與分權。
   (2) 核心事業。

7. 集團的統括管理

　　(1) 企業內部大學。

　　(2) 其他綜合共通性課題。

（三）中長期事業及技術選擇與養成業務

　　每一個公司或集團都會想到下一階段或下一個 5 年，他們究竟應該選擇及養成哪些事業？哪些技術？哪些產品？哪些市場？及哪些顧客？以作為他們未來 5 年、10 年、20 年的營收及獲利來源之最佳與最適的選擇呢？

　　此種決策，攸關企業投入的巨大研發支出、人力培養方向、製程技術與持續獲利與否的重大抉擇。一旦抉擇錯誤，將帶來更大的損失，包括投資損失、顧客損失、時間損失、市佔率損失與獲利損失等多項。一般來說，對下一階段的技術、商品與事業的選擇決策步驟大致如下：

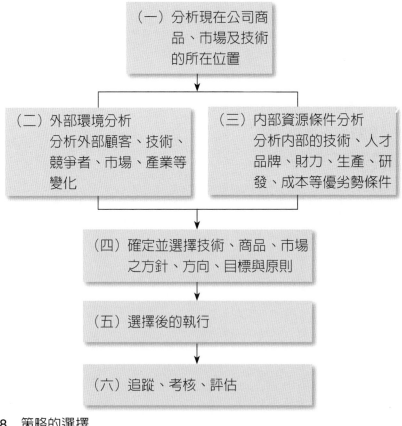

　圖 1-78　策略的選擇

中長期事業及技術的選擇與養成業務，有主要四項業務：

1. 企業再造（Business Reengineering）

   (1) 對既存事業的再造。

   (2) 尋找新起點。

   (3) 對經營模式特許權的取得。

2. 對下一代核心事業、商品、業態的分析、策定及提案

   (1) 調查、提案。

   (2) 新事業企劃。

   (3) 大型商品專業計劃。

   (4) 核心技術選擇。

   (5) 員工再教育。

3. 對成長中心事業的育成體制

   (1) 新公司、新事業部設立。

   (2) 購併（M&A）。

   (3) 資本參加。

4. 對新事業、新業態之育成

   (1) 內部專案育成管理與支援協助。

   (2) 委外育成管理。

（四）經營體系的革新

　　經營企劃部所負責的功能職掌 —— 經營體系的革新，這是公司「效率化」與「效能化」運作的最大關鍵，也是能否達成顧客 100% 滿意度，以及是否能創造出競爭優勢的根本所在。這裡面，包括了資訊技術（IT）的開發運用、國際 ISO 標準的導入、全公司對內／對外經營運作系統的改變等內容，如下所示：

1. 事業經營模式（Business Model）的再構築

   (1) 會員經營。

   (2) 單品管理。

   (3) 銷售時點管理系統（POS）。

   (4) 快速交貨管理（ECR）。

   (5) 顧客關係管理（CRM）。

(6) 供應鏈管理（SCM）。

(7) 電子商務系統（B2B）。

(8) 對員工網站內容（B2E）。

(9) 對顧客網站（B2C）。

(10) 客服中心。

2. 對成長中心事業的育成體制

(1) ISO9001。

(2) ISO14000。

3. 對新事業、新業態之育成

(1) 銷售通路的改變。

(2) 自動化作業模式的導入改變。

(3) 品管系統的改變。

(4) 出貨速度的改變。

(5) 與國內外顧客聯繫作業方式的改變。

(6) 全球各據點管控方式改變。

4. 全公司的經營課題解決

有關組織、人事、權責、架構等課題。

（五）高階支援業務

高階支援業務主要是指經營企劃部內，為高階經營者或高階主管，所提供個人的或是特定指示交辦的事項。

高階經營者經常有機會與外部各機構及各企業界人士接觸，或者高階經營者偶有一些臨時思考出來的問題，或者是想要推動某項急迫專案，或是想要了解某項情報訊息內容的正確性等。此時，經營企劃人員就必須及時提出呈報給高階經營者或主管。

下列即高階支援業務項目的內容：

1. 提供高階必要的資訊情報

(1) 總體經濟環境與景氣動向情報。

(2) 市場動向及競爭對手動向情報。

(3) 集團與公司目前經營概況。

(4) 意外事故發生與對策。

2. 高階的特定指示交辦事項

(1) 對公司內部事項。

(2) 對集團事項。

(3) 對外部事項。

3. 對成長中新事業的育成體制

4. 高階指示全公司參與的重大專案

(1) 組織整併、構造變革。

(2) 成本降低。

(3) 人力精簡。

(4) 集團重組。

(5) 全球布局。

5. 董事長對外演講講稿、簡報稿、答覆記者專訪稿及研討會稿。

三、策定公司中長期經營策略與計劃七大步驟

有關公司或集團中長期產業發展經營策略及經營計劃，是經營企劃部最重要的任務之一。其對各集團公司長遠發展與盛衰，亦有著因果關係。

就實務來說，經營企劃幕僚在提報公司或集團中長期事業發展策略及計劃時，大部分應該要經過圖 1-79 的七大步驟才算完整。

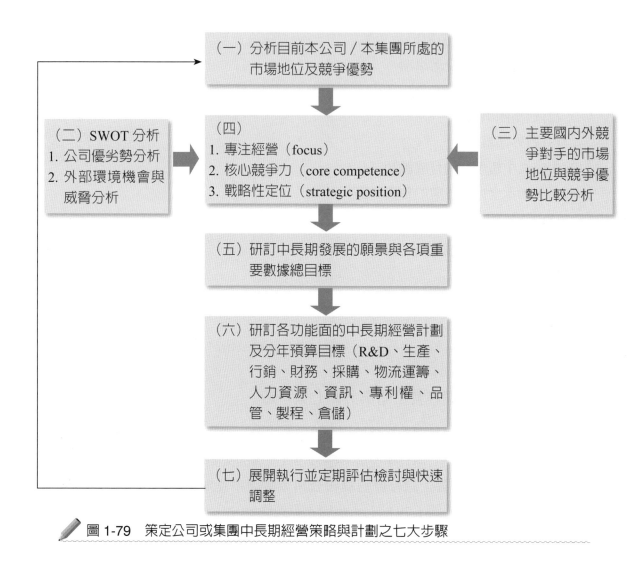

圖 1-79　策定公司或集團中長期經營策略與計劃之七大步驟

四、經營企劃部在公司組織中的位置

經營企劃部在組織中的位置，大部分以直屬董事長或直屬總經理居多，但也有下放到與各一級部門平行的情況。

通常直屬董事長，代表這家公司或集團是採取「董事長制」的公司。若直屬總經理，則該公司可能採取「總經理制」居多。

但不管是放在較高階位置或是與其他部門平行，這可能都不是重點，重要的是到底這家公司的董事長或總經理是否很重視這個單位？是否很支持這個部門？是否

經常交付重大任務給這個部門？以及這個經營企劃部的主管及其人員是否都具備足夠能力負擔起這些重要工作任務，並且有很不錯的表現，讓其他一級部門的主管對經營企劃部不敢輕忽，而能全力配合。

　　能夠這樣，經營企劃部才會變成公司內部一個相當重要的火車頭帶動部門。

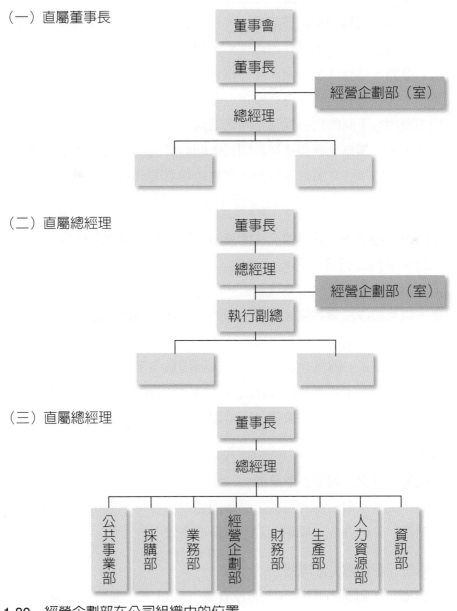

（一）直屬董事長

董事會

董事長

　　經營企劃部（室）

總經理

（二）直屬總經理

董事長

總經理

　　經營企劃部（室）

執行副總

（三）直屬總經理

董事長

總經理

公共事業部　採購部　業務部　經營企劃部　財務部　生產部　人力資源部　資訊部

圖 1-80　經營企劃部在公司組織中的位置

五、策略由什麼人形成？

實務上來看，到底公司策略是怎麼形成？形成的過程大致又如何？依作者個人經驗，並參考別家公司的狀況，大體上有五種來源狀況。

（一）策略是「老闆」（董事長）形成的

這種公司屬於老闆強勢領導的模式。這種老闆懂很多，資訊情報來源管道也不少，經驗更為豐富，再加上個性因素使然，使公司重大策略，大部分都是由老闆思考後，大力發動、進行洗腦，全面加速推進。此種策略形成模式，不能說是絕對好或絕對不好，因為各有其利弊存在，這還要看不同的行業、不同的條件、不同的公司、不同的階段、不同的內容以及不同老闆而定。

有些狀況，一個概念或想法突然閃過老闆的腦海後，他想抓住這種感覺，極力發動某個重大策略事宜。另有些狀況，當然也是老闆經過幾天的深思熟慮之後，才展開發動的。

（二）策略是「經營決策委員會」（即高階主管團隊）討論形成的

第二種常見的經營策略形成，是由公司或集團內的各相關部門一級主管（副總級以上）所組成「經營決策委員會」，經過幕僚人員提報資料，然後多次充分討論、修正，以及形成決策共識後，才形成的。這種策略模式屬於「團體決策」，與前述的「老闆一人決策」，是有差異的。

「團體決策模式」雖然也有不少好處，但因為各部門站在各自本位立場與利益立場，有時候團體決策並不易形成結論或共識。這時候還是必須仰賴具有「拍板」決定權力的人來做最後決策的抉擇，而這個人，不外乎是董事長或總經理，亦有可能是「董事會」來抉擇。

（三）策略是「經營企劃部」形成的

在某些狀況下，當公司的經營企劃部門能力很強時，公司的策略也有可能是由「經營企劃部」分析評估、規劃，並上呈最高主管而決定的。

（四）策略是「董事會」形成的

就法律而言，對某些極為重大的投資案、購併案、擴廠案、融資案、新事業案、上市案、技術研發、分派股利，以及其他大案、專案等，均必須在董事會議上

討論通過。因此，在一些具有積極功能與強調「公司治理」的董事會，必然也會積極介入及參與這些重大決策案的抉擇與討論過程，最後必會形成決議。

（五）策略是上述四種方式的「混合」形成的

就事實而言，上述四種策略形成與決定方式，在很多大型公司裡，其實是混合形成的，並沒有特定的方式。若能充分混合運用這四種模式，將可集思廣義，掌握最關鍵點，如此策略的抉擇成功機率，就會提高不少。

六、公司「策略形成」的十項步驟

依據前段所述，實務上常見的公司策略形成的十項基本步驟，如圖 1-81 所示。

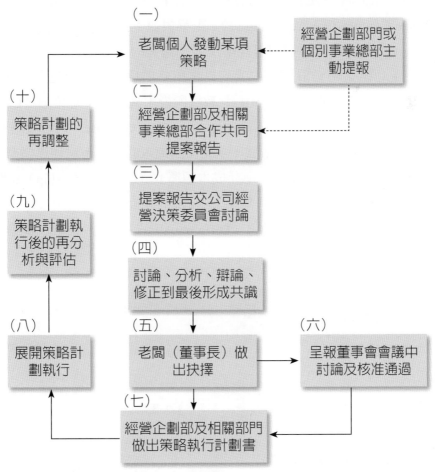

圖 1-81　公司實務上策略形成的十項步驟

在這個流程步驟中，算是對策略形成較為周延思考的過程。它們包括了四個「管制關卡」點，如下：

（一）經營企劃部專業幕僚的分析、評估與建議。

（二）由高階的一級主管形成的「經營決策委員會」集體把關討論。

（三）由董事長做成策略抉擇。

（四）送董事會會議中討論決議。

 第八節　麥可‧波特（Michael Porter）的基本競爭策略（Generic Competitive Strategy）

就長期觀點而言，使獲利性高於一般水準的基礎是「持續的競爭優勢」（Sustaining Competitive Advantage）。企業與競爭者相較之下，雖然在許多方面不相上下，但是企業必須把持著能增加競爭優勢的兩個法寶──低成本與差異化。由於企業功能策略必須與成本或差異化策略環環相扣，這是在 1980 年代，由美國哈佛大學企管大師波特（Porter）教授所提出來的競爭定位論（Competitive Positioning Theory），將這兩個策略稱為「基本的」（generic）競爭策略。

這兩種增加競爭優勢的基本形式，用企業所追求的目標市場加以擴充，就可推導三個能夠增加企業績效的策略──「成本領導」（Cost Leadership）策略、「差異化」（Differentiation）策略與「集中」（Focus）策略，而集中策略又可分為集中成本（Cost Focus）與集中差異化（Differentiation Focus）策略。基本的競爭策略，如圖 1-82 所示。

	廣泛的目標市場	狹窄的目標市場
低成本	1. 成本領導	3-1 集中成本
差異化	2. 差異化	3-2 集中差異化

圖 1-82　基本的三種競爭策略

一、成本領導策略（Cost Leadership Strategy）

（一）成本領導策略，也許是三種基本的競爭策略中，最清晰易懂的策略。成本領導者就是具有最低的生產成本的企業。成本優勢的獲得有很多來源，主要因產業結構的不同而有差異，這些來源（或原因）包括：低成本來自量大規模經濟、低成本的原始產品設計、自動化的裝配線、低人工生產成本或低土地成本等。實施成本領導策略的企業也不應忽視差異化策略，因為當產品不再被消費者接受，或是競爭者也同樣地降價競爭的時候，企業必定被迫降價。此時如能再實施差異化策略，即可維持原先的價格水準。

（二）以實務上來說，企業追求成本優勢或低成本的價格競爭力，主要從以下幾個方向切入：

　　1. 尋求較低人工成本的地區生產。例如臺商到中國或東南亞投資等，基本上是因為中國的勞工成本僅為臺灣的 1/5 到 1/10 而已。對勞力密集產業而言，勞工成本佔產品總成本很高比例，因此必須努力尋求下降。

　　2. 尋求較低的零組件及原物料的採購成本下降，這包括以規模採購量壓低成本，或是從原始產品設計著手，簡化零組件以降低成本，或是自己向上游工廠投資，以降低進貨成本。

　　3. 生產自動化、製程改善與公司 e 化（資訊化）的結果，亦可以達到少用人力的目的。

　　4. 降低庫存品壓力，有效提升資金運用效率。

　　5. 此外，在一般管銷費用方面的控制，包括：交際費、出差費、贈品費、佣金、加班費、廣宣費等，亦可一一評估降低的做法。

　　總結來看，企業（特別是製造業）降低成本的七大構面，大致如圖 1-83 所示。

二、差異化策略（Differentiation Strategy）

　　企業在某些消費者所重視的層面上企圖做到「獨特」或是「特色」時，即所謂的「差異化策略」。差異化的基礎有的是產品本身、配銷系統，有的是行銷方法或服務方法等。實施差異化，要使得產品價格超過成本才有利可圖。因此實施差異化策略，不能忽視了成本因素。企業在進行差異化策略時，要針對在競爭者無法或未能強調的特有屬性上。差異化也有「實質差異」（Physical Differentia）與「認知

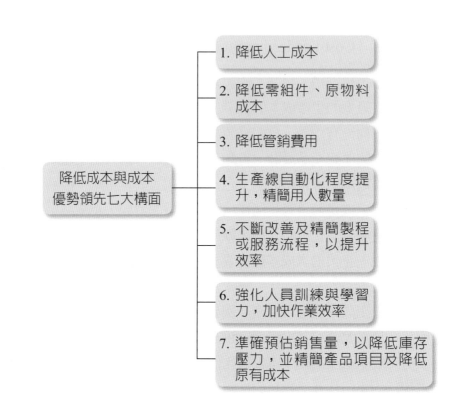

圖 1-83　企業降低成本的七大構面

差異」（Perceived Differentia）的分別。

　　企業在尋求差異化的落實時，可以從十二個構面去設計及執行，如圖 1-84 所示。差異化的努力，不管是在製造業或服務業，都是經營成功的關鍵本質。特別在服務業的差異化創新努力上，更是必須腦力激盪，尋求持續性突破。

（一）商品方面的差異化

　　實務上，在產品方面的差異化，可以從產品的外觀設計、產品功能、產品包裝、產品材質、產品等級等角度，去創造產品的差異化。例如有一些高級品牌化妝品、皮件、轎車、服飾、手錶、珠寶、巧克力、喜餅等，都經過特殊與精美的規劃，以顯示它們的價值、特色及差異化。例如統一超商推出九種豐富菜色的新國民便當，以區別於過去僅有五種菜色的鐵路便當。

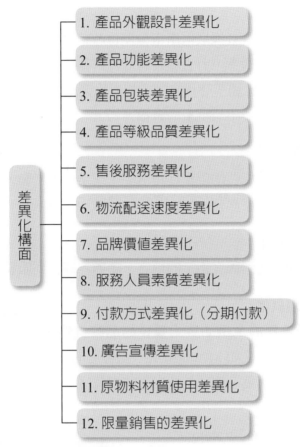

差異化構面
1. 產品外觀設計差異化
2. 產品功能差異化
3. 產品包裝差異化
4. 產品等級品質差異化
5. 售後服務差異化
6. 物流配送速度差異化
7. 品牌價值差異化
8. 服務人員素質差異化
9. 付款方式差異化（分期付款）
10. 廣告宣傳差異化
11. 原物料材質使用差異化
12. 限量銷售的差異化

圖 1-84　企業執行差異化的構面

（二）售後服務方面的差異化

具體方面，可舉幾個案例如下：

1. 郵購業者及電視購物業者，保證 7 天鑑賞期，看到商品不滿意，可以要求退貨或換貨。

2. 在汽車維修的場所，由汽車廠商提供五星級的服務貴賓室。在車主取車之前，也能享受五星級的接待室設備條件。

3. 在銷售新車上，保證 5 萬公里內免費維修的口號。

4. 要定期做民意調查，隨時了解顧客對本公司各種服務指標的滿意度是否進步。

（三）付款方式的差異化

現在已有愈來愈多消費者採取信用卡分期付款結帳的機制。因此許多中低收入的顧客，在寬鬆付款的架構下，有意願及有能力付款買東西。這些分期付款，短則3個月，長則5年。最近低利率時代來臨，汽車廠商推出5年期購車免息分期付款的機制，對上班族而言，並不算沉重的負擔。

（四）銷售方面差異化

例如業者採取會員才能買的限量促銷活動，或是優惠活動，或是創造無店鋪行銷銷售通路，亦算是一種差異化。

（五）配送速度的差異化

將商品以最快速度送到顧客指定的地方，讓顧客感受到服務的效率。

（六）品牌價值的差異化

品牌是有等級差距的，例如賓士轎車的品牌自然比裕隆汽車品牌要更為高價，這就是差異化所在。又如 SKII 面膜比一般面膜的價格貴 1 倍；LV 皮件比一般皮件貴 5 倍。這些都是因為名牌所創造出來的價值感。

三、集中化策略（Focus Strategy）

集中化策略與前述兩種策略的不同點，在於它是在產業中選擇一個比較狹窄的競爭利基範圍。因此，企業在產業中，選擇某一個或某些區隔來提供產品或服務。集中化策略有兩種方式：集中成本策略（企業在某一區隔中，尋求成本利基優勢），以及集中差異化策略（企業在某一區隔，尋求差異化利基優勢）。

如果目標市場區隔與其他市場區隔，沒有什麼明顯的差別，那麼集中化策略便沒有什麼價值可言。

例如台積電公司專注於晶圓代工事業。

第九節　波特的產業獲利五力分析

麥克・波特（Michael E. Porter）在 1980 年就提出非常著名的影響產業獲利架構的五力分析（Five Forces Analysis）來源。他認為企業在不同產業結構中，為何會有不同的產業獲利情況，主要就是因為在不同的產業中，有不同的產業五力結構所致。

這五種力量，如圖 1-85 所示。

1. 產業競爭者（Industry Competition）的競爭程度是大？還是小？
2. 潛在進入者（Potential Entrants）的競爭程度是大？還是小？進入障礙是高？或是低？
3. 廠商與上游供應商（Suppliers）議價或其他條件談判的優勢程度？供應商是多？還是少？
4. 與下游顧客（Buyers）議價或談判的優勢程度？下游顧客是多且分散？或是少且集中？
5. 替代品（Substitutes）或替代力量來源的威脅程度？

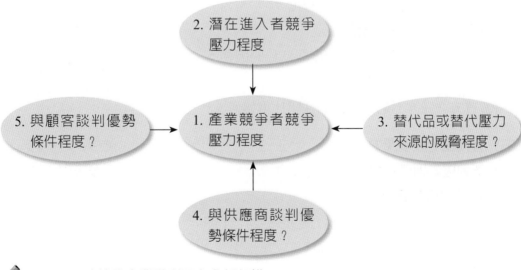

圖 1-85　波特的產業獲利五力分析架構

（一）產業競爭者的競爭壓力程度

1. 與產業競爭者競爭壓力強度成正向影響關係的因素：
   (1) 產業競爭者數量的多寡。
   (2) 規模經濟產能的多寡。
   (3) 固定成本比例。
   (4) 退出障礙的容易度。
2. 與產業競爭者競爭壓力強度成反向關係的因素：
   (1) 競爭者多元化、分眾化的程度。
   (2) 消費者轉換成本的高低。
   (3) 產品的差異化大小程度。
   (4) 產業成長率大小。

（二）與供應商談判的條件能力

1. 與供應商談判條件的優勢程度成正比的因素：
   (1) 供應商的集中程度。
   (2) 供應商的重要影響程度。
   (3) 供應商的轉換成本或差異程度。
   (4) 供應商的向前整合能力。
2. 與供應商談判條件的優勢程度成反比的因素：
   (1) 替代品競爭的程度。
   (2) 買方（我方）佔供應商的採購比重如何。

（三）替代品的競爭壓力

1. 有下列因素則成正比影響：
   替代品價格差異低的程度。
2. 有下列因素與替代品競爭壓力程度成反比影響：
   (1) 替代品功能差異化大小程度。
   (2) 替代品價格差異高的程度。

（四）潛在進入者的競爭壓力

1. 下列因素與潛在進入者的競爭壓力有反向的影響關係：

    (1) 進入障礙的高或低。進入障礙愈高，進入者的影響壓力就會較小。而影響進入障礙高低的因素又包括：

    ① 規模經濟程度。

    ② 產品差異化程度。

    ③ 資金需求量大小程度。

    ④ 消費者的轉換成本大小。

    ⑤ 取得通路容易程度。

    ⑥ 獨家技術性。

    ⑦ 地點因素。

    (2) 預期現有業者的報復力大小。

    (3) 進入者的進入成本高低。

（五）與顧客談判條件能力

1. 下列因素與顧客談判條件能力有正向的影響關係：

    (1) 顧客集中程度。

    (2) 顧客向後整合的能力。

    (3) 顧客資訊充分的程度。

2. 與顧客談判條件能力有反向影響關係的因素：

    (1) 佔顧客採購比重大小。

    (2) 目標產品差異性大小。

    (3) 顧客之經營利潤大小。

    (4) 顧客受賣方產品之影響大小。

第 2 章

各類型企劃案撰寫大綱架構及內容項目

案例 1 一個完整的公司年度「經營計劃書」應包括的報告內容項目與思維

說明：

一、面對歲末之際以及新的一年來臨之時，國內外比較具規模及具制度化的優良公司，通常都要撰寫未來 3 年的「中長期經營計劃書」或未來 1 年的「今年度經營計劃書」，然後作為未來經營方針、經營目標、經營計劃、經營執行及經營考核的全方位參考依據。古人所謂「運籌帷幄，決勝千里之外」即是此意。

二、若有完整周詳的事前「經營計劃書」，再加上強大的「執行力」，以及執行過程中的必要「機動、彈性調整」對策，則必然可以保證獲得最佳的經營績效成果。另外，一份完整、明確、有效、可行的「經營計劃書」，正代表著該公司或該事業部門知道「為何而戰」，並且「力求戰勝」。

三、附件一所示內容，係提供給本集團各公司或各事業總部作為撰寫即將到來的新的年度：○○○年經營計劃書的參考版本。由於各公司及各事業總部的營運行業及特性均有所不同，故附件一的撰寫架構及項目內容，僅提供為參考之用，各單位可視狀況酌予增刪或調整使用。相信未來本集團各公司及各事業總部必能升級邁向「制度化」營運目標。

四、恭請核示。

附件一

「今年度○○○事業部門／○○○公司經營計劃書」撰寫完整架構項目及思維

一、去年度經營績效回顧與總檢討

1. 損益表經營績效總檢討
   含營收、成本、毛利、費用及損益等實績與預算相比較，以及與去年同期相比較。
2. 各項業務執行績效總檢討。
3. 組織與人力績效總檢討。
4. 總結。

二、今年度「經營大環境」深度分析與趨勢預判

1. 產業與市場環境分析及趨勢預測。
2. 競爭者環境分析及趨勢預測。
3. 外部綜合環境因素分析及趨勢預測。
4. 消費者／客戶環境因素分析及趨勢預測。

三、今年度本事業部／本公司「經營績效目標」訂定

1. 損益表預估（各月別）及工作底稿說明。
2. 其他經營績效目標
   ・可能包括：加盟店數、直營店數、會員人數、客單價、來客數、市佔率、品牌知名度、顧客滿意度、收視率目標、新商品數……各項數據目標及非數據目標。

四、今年度本事業部／本公司「經營方針」訂定

・可能包括：降低成本、組織改造、提高收視率、提升市佔率、提升品牌知名度、追求獲利經營、策略聯盟、布局全球、拓展周邊新事業、建立通路、開發新收入來源、併購成長、深耕核心本業、建置顧客資料庫、擴大電話行銷平臺、強化集團資源整合運用、擴大營收、虛實通路並進、高品質經營政策、加速展店、全速推動中堅幹部培訓、提升組織戰力、公益經營、落實顧客導向、邁向 2010 年新願景……各項不同的經營方針。

五、今年度本事業部／本公司贏的「競爭策略」與「成長策略」訂定

・可能包括：差異化策略、低成本策略、利基市場策略、行銷 4P 策略（即產品策略、通路策略、推廣策略及定價策略）、併購策略、策略聯盟策略、平臺化策略、垂直整合策略、水平整合策略、新市場拓展策略、國際化策略、品牌策略、集團資源整合策略、事業 spin-off 分割策略、掛牌上市策略、組織與人力革新策略、轉型策略、專注核心事業策略、品牌打造策略、市場區隔策略、管理革新策略，以及各種業務創新策略等。

六、今年度本事業部／本公司「具體營運計劃」訂定

・可能包括：業務銷售計劃、商品開發計劃、委外生產／採購計劃、行銷企劃、電話行銷計劃、物流計劃、資訊化計劃、售後服務計劃、會員經營計劃、組織與人力計劃、培訓計劃、關企資源整合計劃、品管計劃、節目計劃、公關計劃、海外事業計劃、管理制度計劃，以及其他各項未列出的必要項目計劃。

七、提請集團「各關企」與集團「總管理處」支援協助事項

八、結語與恭請裁示

附圖：「年度經營計劃書」的邏輯架構八大項目圖示。

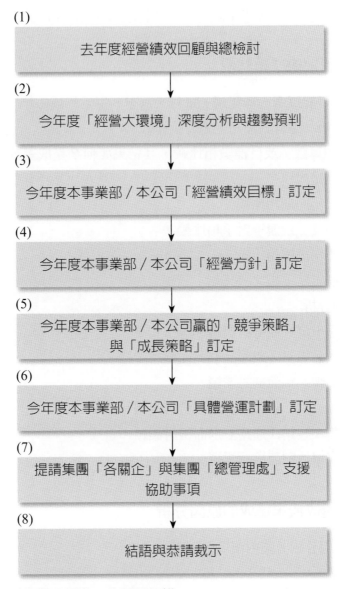

(1) 去年度經營績效回顧與總檢討

(2) 今年度「經營大環境」深度分析與趨勢預判

(3) 今年度本事業部／本公司「經營績效目標」訂定

(4) 今年度本事業部／本公司「經營方針」訂定

(5) 今年度本事業部／本公司贏的「競爭策略」與「成長策略」訂定

(6) 今年度本事業部／本公司「具體營運計劃」訂定

(7) 提請集團「各關企」與集團「總管理處」支援協助事項

(8) 結語與恭請裁示

圖 2-1　「年度經營計劃書」的邏輯架構

案例 2 一個完整的「營運業績檢討報告案」應包括的報告內容項目與思維

一、檢討截至目前的業績狀況

1. 檢討期間：可能每週、每雙週、每月、每季、每半年或每年一次等狀況。
2. 檢討數據分析：應有五種角度去分析比較。
   (1) 實績與預算數／或目標數相比較，其結果如何？是成長或衰退？其金額及百分比又是如何？
   (2) 實績與去年同期相比較。
   (3) 實績與同業／或競爭對手相比較。
   (4) 實績與市場總體相比較。
   (5) 實績與歷年狀況相比較。
3. 檢討單位別分析
   (1) 依各「事業群」而檢討業績。
   (2) 依各「產品線」（或產品群）而檢討業績。
   (3) 依各「品牌」別而檢討業績。
   (4) 依各「館」別／各「店」別而檢討業績。
   (5) 依各零售、經銷「通路」別而檢討業績。
   (6) 依各業務單位別而檢討業績。

二、檢討業績達成或未達成的原因分析

1. 國內環境原因分析／國內環境變化所造成的
   (1) 政治因素。
   (2) 經濟景氣因素。
   (3) 法令因素。
   (4) 科技／技術因素。
   (5) 市場結構因素。
   (6) 產業結構因素。
   (7) 環保因素。
   (8) 金融與財金因素。

(9) 社會因素。

(10) 家庭與人口因素。

(11) 其他可能因素。

2. 競爭對手因素分析／競爭對手變化所造成的

可能包括：低價因素、廣告大量投入、新產品推出、新品牌引入、大型促銷活動、巨星級代言人策略、急速擴點策略、擴大產能、殺價競爭、差異化特色、策略聯盟、地點獨特性、頂級裝潢……各種經營手段與行銷手段施展。

3. 國際／國外環境原因分析／國外環境變化所造成的

可能包括：國際政治、國際經貿、國際法令、國際競爭者、國際科技、國際產業／市場結構、國際石油、國際運輸、國際金融、國際文化、國際媒體……各種變化因素所致。

4. 國內消費者、顧客、客戶因素分析／國內消費者變化所造成的

可能包括：消費者的需求、偏好、可選擇性價值觀、生活方式、消費觀、消費能力與所得、消費地點、消費時間、消費通路、消費等級、消費流行性、消費分眾化、消費年齡、消費資訊……產生了各種的變化，而影響本公司的業績。

5. 本公司內部自身環境原因分析／本身的條件變化所造成的

可能包括：組織文化／企業文化、人才素質、老闆的抉擇、行銷 4P 因素、目標市場選擇、市場定位、品牌定位、生產、採購、研發、技術、品管、資訊化、成本結構、策略規劃、財務會計、售後服務、物流運籌、包裝設計、企業形象、公司政策、全球布局、規模化、組織設計、管理制度……各種導致本公司業績好或不好的影響因素。

三、應挑出業績未來達成的最關鍵（Key）與最迫切（Urgent）所需解決的問題所在

1. 「短期」內應解決的問題點，以及「長期」內才可以獲得解決的問題點之區別。

2. 從企業上述各種「營運功能面」來理出各種關鍵核心的問題點。

3. 可從「損益表」結構面，理出各種關鍵核心的問題點。例如營業額衰退的所在點、營業成本偏高的所在點、營業毛利偏高的所在點、營業費用偏高的所在點、稅前淨利偏低的所在點，以及 EPS 偏低的所在點……均可看出問題端倪

所在。

4. 可利用魚骨圖或樹狀圖加以理出問題點所在或公司劣勢點所在。

5. 另外，亦可能必須從整個「產業結構／市場結構」的價值鏈與競爭變化，去理出關鍵的問題點以及解決對策。

6. 不過，問題發生及問題解決的最終因素，大部分還是回歸到人才、人才團隊、經營團隊、組織能力等，人的本質根本的問題。這是最根本、最棘手，但也是一勞永逸的方式。

四、集思廣益研訂出問題解決及業績達成的各種因應對策、策略及具體方案、計劃

1. 應先從站在大戰略、大布局、大競爭的戰略性制高點，來看待對問題解決或業績提升的「贏的競爭策略」是什麼？「政策方針」是什麼？「布局」是什麼的定調為優先。

2. 其次，要先思考在這個產業、這個行業、這個大市場、這個分眾市場裡的關鍵成功因素（Key Success Factor, K.S.F）是什麼？我們是否已擁有？為什麼沒有擁有？是否可以擁有？

3. 再其次，則是研訂出具體的細節因應對策方案及計劃出來。這些具體計劃，應包括 6W/3H/1E 的十項思考原則在裡面。亦即：

➢ What（達成什麼目標、目的）

➢ Who（派出有能力的哪些單位及人員去做）

➢ When（何時應該去做）

➢ Where（在哪些地點做）

➢ Whom（對哪些對象而做）

➢ Why（為何要如此做；可行性如何）

➢ How to do（該如何做；做法有何創新）

➢ How much（花多少預算去做）

➢ How long（需要多久的時間去做）

➢ Effectiveness（或 Evaluate）（成本與效益分析、績效／成果追蹤考核、損益表預估等）

4. 應思考是否需找外部專業的機構或人員，協助問題解決方案的評估及制定。

5. 問題解決對策亦可考慮用魚骨圖或樹狀圖加以呈現。

五、最後，要考慮及評估「執行力」或「組織能力」的最終關鍵點

1. 很多的好計劃、很多的好策略、很多的好點子，最後並不一定產生出好的成果出來。這主要是因為自己公司的組織人員的「執行力」或「組織能力」（Organizational Capabilities）出了問題。

2. 因此，對於某些重大營運計劃或日常營運過程中，均必須關注或建立一種強大的「執行力」的員工紀律與企業文化才可以。例如郭台銘董事長的鴻海集團，就是以「強大執行力」而出名的。

3. 對於執行力的過程，應該可以區分為：執行前→執行中→執行後三個階段。每個階段都應該有需注意的事情，包括人力、制度、辦法、規章、要求、監督、賞罰、組織、支援、目標、回報、調整、訓練、改善、成果等各種內涵在裡面，才會產出強大的執行力成果。

六、彙整圖示架構

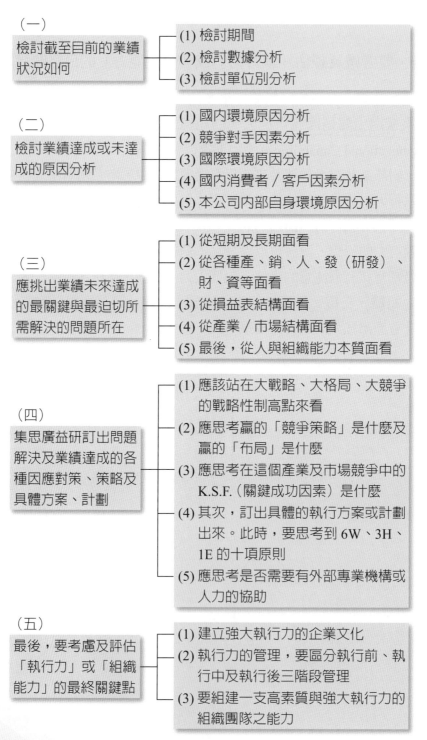

（一）
檢討截至目前的業績狀況如何
- (1) 檢討期間
- (2) 檢討數據分析
- (3) 檢討單位別分析

（二）
檢討業績達成或未達成的原因分析
- (1) 國內環境原因分析
- (2) 競爭對手因素分析
- (3) 國際環境原因分析
- (4) 國內消費者／客戶因素分析
- (5) 本公司內部自身環境原因分析

（三）
應挑出業績未來達成的最關鍵與最迫切所需解決的問題所在
- (1) 從短期及長期面看
- (2) 從各種產、銷、人、發（研發）、財、資等面看
- (3) 從損益表結構面看
- (4) 從產業／市場結構面看
- (5) 最後，從人與組織能力本質面看

（四）
集思廣益研訂出問題解決及業績達成的各種因應對策、策略及具體方案、計劃
- (1) 應該站在大戰略、大格局、大競爭的戰略性制高點來看
- (2) 應思考贏的「競爭策略」是什麼及贏的「布局」是什麼
- (3) 應思考在這個產業及市場競爭中的K.S.F.（關鍵成功因素）是什麼
- (4) 其次，訂出具體的執行方案或計劃出來。此時，要思考到 6W、3H、1E 的十項原則
- (5) 應思考是否需要有外部專業機構或人力的協助

（五）
最後，要考慮及評估「執行力」或「組織能力」的最終關鍵點
- (1) 建立強大執行力的企業文化
- (2) 執行力的管理，要區分執行前、執行中及執行後三階段管理
- (3) 要組建一支高素質與強大執行力的組織團隊之能力

圖 2-2 「年度經營計劃書」的邏輯架構

案例 3　一個完整的年度「品牌行銷事業部門」營運檢討報告書大綱架構

茲研擬「自有品牌○○○事業發展 4 年總檢討報告書」撰寫大綱如下：

一、過去 4 年○○○發展績效與問題總檢討

1. 營收績效檢討。
2. 營業成本、毛利、營業費用、營業損益績效檢討。
3. 市場與品牌地位排名績效檢討。
4. 虛擬通路及實體通路績效檢討。
5. 產品開發績效檢討。
6. 品牌知名度、形象度與滿意度績效檢討。
7. 價格策略檢討。
8. 品牌打造做法檢討。
9. 廣宣預算檢討。
10. 代言人績效檢討。
11. 組織與人力績效檢討。
12. 採購績效檢討。
13. 產、銷、存管理制度檢討。
14. 總體競爭力反省檢視暨業績停滯不前之全部問題明確列出。
15. 小結。

二、國內化妝保養品市場環境、競爭者環境及消費者環境之現況分析，與未來變化趨勢分析說明

1. 市場環境分析：包括產值規模、市場結構、產品研發、行銷通路、市場價格、廣宣預算及做法……。
2. 競爭者環境分析：包括各大競爭者的營收狀況、市佔率排名、品牌定位、競爭策略、產品特色、公司資源、組織人力、產銷狀況……。
3. 消費者環境分析：包括消費者區隔、消費者需求、消費者購買行為、消費者購買通路、消費者品牌選擇因素……。
4. 小結。

三、本公司未來 3 年（中期計劃）的經營方針及競爭策略何在分析說明

1. 未來 3 年的經營方針分析說明。
2. 未來 3 年贏的成長競爭策略分析說明。
3. 小結。

四、明年度（○○○年）營運計劃與營運目標加強說明

1. 組織與人力招聘及變革加強計劃。
2. 產品開發目標計劃。
3. 實體通路開發具體目標與計劃。
4. 虛擬通路運用調整計劃。
5. 品牌打造計劃。
6. 銷售（業績）具體計劃。
7. 會員經營計劃。
8. 公關計劃。
9. 定價計劃。
10. 產、銷、存管理制度計劃。
11. 其他相關計劃。

五、明年度（○○○年）損益表預估及工作底稿說明

1. 營收預估（月別）。
2. 營業成本預估（月別）。
3. 營業毛利預估（月別）。
4. 營業費用預估（月別）。
5. 稅前損益預估（月別）。
6. 各種產品線責任利潤中心制度損益區別分析。
7. 小結。

六、對本集團各關企資源整合運用計劃及請求支援事項

七、結論（結語）

案例 4　活動（事件）行銷企劃案撰寫大綱架構

企業行銷實務上，經常會舉辦各種活動行銷案或事件行銷案。

例如有些企業經常在臺北華納威秀（信義區）或其他重要人潮聚集的廣場舉辦活動。另外，也有很多政府機構舉辦各種節慶活動或政策宣導活動等，也會找外面的公關活動公司或整合行銷公司來代辦活動。

茲列示撰寫一個活動（事件）行銷企劃案，可能含括的大綱項目或架構內容，說明如下：

1. 活動緣起。
2. 活動宗旨、目的。
3. 活動目標。
4. 活動名稱。
5. 活動主軸、活動特色。
6. 活動內容、活動設計。
7. 節目流程、活動流程。
8. 活動宣傳（媒體宣傳）。
9. 活動網站。
10. 活動現場布置與示意圖。
11. 活動主辦、協辦單位。
12. 活動標誌與 Slogan（廣告語、標語）。
13. 活動 DM 設計。
14. 活動預算。
15. 活動組織（專案小組）。
16. 活動效益分析。
17. 活動成本與效益比較。
18. 活動時程進度表（期程表）。
19. 活動目標對象。
20. 活動地點。
21. 活動時間與活動日期。
22. 活動整體架構圖示。

23. 活動備案措施。
24. 活動來賓邀請。
25. 活動記者會舉辦。
26. 活動檢討與結案（結束後）。

案例5 創業直營連鎖店經營企劃案大綱架構──花店、咖啡店、早餐店、中餐店、冰店、飲食店、西餐店、服飾店、飾品店、麵包店、火鍋店等

一、開創行業的競爭環境分析與商機分析

二、開創行業的公司定位與鎖定目標客層

三、開創行業的競爭優劣勢分析

四、開創行業的營運計劃內容說明

1. 營運策略的主軸訴求。
2. 連鎖店命名與 logo 商標設計。
3. 店面內外統一識別（CI）的設計。
4. 店面設備與布置概況圖示。
5. 產品規劃與產品競爭力分析。
6. 產品價格規劃。
7. 每家店的人力配置規劃。
8. 通路計劃：第一家旗艦店開設地點及時程。
9. 預計 3 年內開設的據點數分析。
10. 店面服務計劃。
11. 店面作業與管理計劃。
12. 資訊計劃。
13. 廣告宣傳與公關報導計劃。
14. 總部的組織規劃與職掌說明。
15. 每家店的每月損益概估及損益平衡點估算。
16. 前 3 年的公司損益表試算。
17. 第一年資金需求預估。
18. 投資回收年限與投資報酬率估算。
19. 產品生產（委外製造）計劃說明。

五、結語

案例 6　向銀行申請中長期貸款之「營運計劃書」大綱 ——————

一、本公司成立沿革與簡介

二、本公司營業項目

三、本公司歷年營運績效概況

1. 國內外客戶狀況。
2. 內銷及外銷比例。
3. 歷年營收額及損益額概況。
4. 各產品銷售額及佔比。
5. 本公司在同業市場的地位及排名。

四、本公司組織表及經營團隊現況

五、本公司財務結構現況

六、本公司面對經營環境、產業環境及全球市場環境的有利及不利點分析說明

七、本公司經營的競爭優勢及核心競爭能力分析

八、本公司未來 3 年的經營方針與經營目標

九、本公司未來 3 年的競爭策略選擇

十、本公司未來 3 年的業務拓展計劃

十一、本公司未來 3 年的產品開發計劃

十二、本公司未來 3 年的技術研發計劃

十三、本公司未來 3 年的兩岸擴廠投資計劃

十四、本公司未來 3 年財務（損益）預測數據

十五、本公司未來 3 年的資金需求及資產運用計劃

十六、結語

十七、附件參考

案例 7　上市公司「年度報告書」內容大綱

一、致股東報告書

二、公司簡介

三、公司治理報告

1. 公司之組織架構。
2. 董事、監察人資料。
3. 經理級以上主管人員資料。
4. 最近年度支付董監事、總經理及副總經理之薪獎。
5. 公司治理運作情形
    (1) 董事會運作情形。
    (2) 審計委員會運作情形。
    (3) 內部控制制度執行狀況。
    (4) 最近年度股東會及董事會之重要決議。
    (5) 會計師資訊。
    (6) 董監事及經理人持股股數移轉及股東質押情況。

四、募資情形

1. 股本來源。
2. 股東結構。
3. 股權分散情形。
4. 主要股東名單。
5. 最近 2 年每股市價、淨值、盈餘及股利狀況。
6. 員工分紅及董監事酬勞。
7. 公司併購情形。
8. 公司債、特別股、海外存款憑證、員工認股權證之辦理情形。
9. 資金運用計劃執行情形。

五、營運概況

1. 業務內容
   (1) 業務範疇。
   (2) 總體經濟及產業概況。
   (3) 技術及研發概況。
   (4) 長短期業務發展計劃。
2. 市場及產銷情況
   (1) 市場分析。
   (2) 主要產品之產銷過程。
3. 從業員工資料。
4. 環保支出資訊。
5. 勞資關係。
6. 重要契約。

六、財務概況

1. 近 3 年損益表狀況。
2. 資產負債表狀況。

七、財務狀況及經營結果之檢討分析與風險事項

八、補充揭露事項

第 3 章

經營企劃知識重要關鍵架構、概念與內涵基礎

第一節　企業「營運管理」的循環內容（Operation Process）

　　要了解企業的整體經營管理，就必須先了解它的整體「營運管理」（Operation Process），這個營運管理的循環內容，即是掌握如何管理好或經營好一個企業的關鍵點。

　　企業的「營運管理」循環，要從製造業及服務業來區別，簡述如下：

一、「製造業」的營運管理循環（Manufacture Industry）

　　製造業大概佔了一個國家或一個社會系統的一半經濟功能；製造業又可區分為傳統產業及高科技產業等兩種製造業。製造業，顧名思義即是必須製造出產品的公司或工廠。

（一）製造業公司案例

- ．傳統產業：統一企業、臺灣寶僑家用品公司、聯合利華公司、金車公司、味全公司、味丹企業、可口可樂公司、黑松公司、東元電機公司、大同公司、裕隆汽車公司、三陽機車公司等。
- ．高科技產業：台積電公司、奇美面板公司、聯電公司、宏達電公司、鴻海、華碩、聯發科技等。

（二）製造業營運管理循環架構圖示

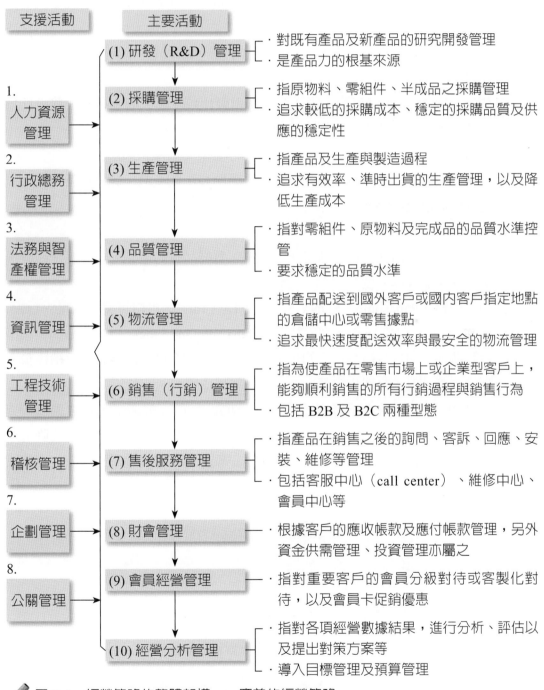

支援活動

1. 人力資源管理
2. 行政總務管理
3. 法務與智產權管理
4. 資訊管理
5. 工程技術管理
6. 稽核管理
7. 企劃管理
8. 公關管理

主要活動

(1) 研發（R&D）管理
- 對既有產品及新產品的研究開發管理
- 是產品力的根基來源

(2) 採購管理
- 指原物料、零組件、半成品之採購管理
- 追求較低的採購成本、穩定的採購品質及供應的穩定性

(3) 生產管理
- 指產品及生產與製造過程
- 追求有效率、準時出貨的生產管理，以及降低生產成本

(4) 品質管理
- 指對零組件、原物料及完成品的品質水準控管
- 要求穩定的品質水準

(5) 物流管理
- 指產品配送到國外客戶或國內客戶指定地點的倉儲中心或零售據點
- 追求最快速度配送效率與最安全的物流管理

(6) 銷售（行銷）管理
- 指為使產品在零售市場上或企業型客戶上，能夠順利銷售的所有行銷過程與銷售行為
- 包括 B2B 及 B2C 兩種型態

(7) 售後服務管理
- 指產品在銷售之後的詢問、客訴、回應、安裝、維修等管理
- 包括客服中心（call center）、維修中心、會員中心等

(8) 財會管理
- 根據客戶的應收帳款及應付帳款管理，另外資金供需管理、投資管理亦屬之

(9) 會員經營管理
- 指對重要客戶的會員分級對待或客製化對待，以及會員卡促銷優惠

(10) 經營分析管理
- 指對各項經營數據結果，進行分析、評估以及提出對策方案等
- 導入目標管理及預算管理

圖 3-1　經營策略的整體架構 —— 廣義的經營策略

（三）製造業贏的關鍵成功要素（Key Success Factors）

製造業的經營業者，要在競爭對手中突出與勝出，其成功要素如下：

1. 要有規模經濟效應化

   此即指採購量及生產量，均要有大規模化才行，如此成本才會下降，產品價格也才有競爭力。

   試想，一家 20 萬輛汽車廠，跟 2 萬輛汽車廠比較，哪家成本會低一些，此為大家都明白的事。此亦大者恆大的道理。

2. 研發力（R&D）強

   研發力代表著產品力，研發力強，可以不斷開發出新產品，此種創新力將可以滿足客戶需求及市場需求。

3. 穩定的品質

   品質穩定使客戶信任，會不斷持續下訂單。有好品質的產品，才會有好口碑。

4. 企業形象與品牌知名度

   諸如，IBM、Panasonic、SONY、TOYOTA、Intel、可口可樂、三星、LG、HP、SHARP、美國 Apple、捷安特、Toshiba、Philips、P&G、Unilever、美國微軟等製造業，均具有高度正面的企業形象與品牌知名度，故能長期永續經營。

5. 不斷的改善，追求合理化經營

   例如台塑企業、日本豐田汽車公司、CANON 公司等製造業，都強調追根究柢、消除浪費、控制成本、合理化經營及改革經營的理念，因此，能夠降低成本、提升效率及鞏固高品質水準，這就是一家生產工廠的競爭力根源。茲如圖 3-2。

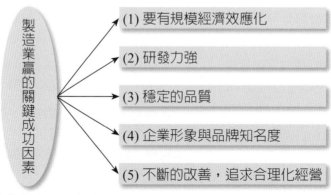

圖 3-2　製造業贏的關鍵成功因素

二、「服務業」的營運管理循環（Service Industry）

（一）服務業公司案例

諸如統一超商、麥當勞、新光三越百貨、家樂福量販店、全聯福利中心、佐丹奴服飾連鎖店、阿瘦皮鞋、統一星巴克、無印良品、誠品書店、中國信託銀行、國泰人壽、長榮航空、台灣高鐵、屈臣氏、康是美、全家便利商店、君悅大飯店、智冠遊戲、摩斯漢堡、小林眼鏡、TVBS 電視臺、燦坤 3C、全國電子、85 度 C 咖啡等。

（二）服務業營運管理循環架構圖示

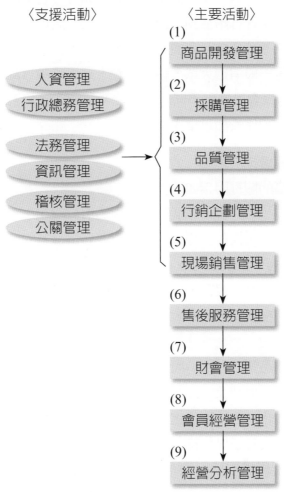

〈支援活動〉　　　　　　　〈主要活動〉

(1) 商品開發管理

人資管理
行政總務管理

(2) 採購管理

法務管理
資訊管理
稽核管理
公關管理

(3) 品質管理

(4) 行銷企劃管理

(5) 現場銷售管理

(6) 售後服務管理

(7) 財會管理

(8) 會員經營管理

(9) 經營分析管理

圖 3-3　服務業營運管理循環

（三）服務業管理與製造業管理的差異所在

相較於製造業，服務業提供的是以服務性產品居多，而且服務業也是以現場的服務人員為主軸，這與製造工廠作業員及科技研發工程師居多的製造業，當然有顯著的不同。

兩者之差異，如下列各點：

1. 製造業以製造與生產出產品為主軸，服務業則以「販售」及「行銷」這些產品為主軸。
2. 服務業重視「現場服務人員」的工作品質與工作態度。
3. 服務業比較重視對外公關形象的建立與宣傳。
4. 服務業比較重視「行銷企劃」活動的規劃與執行，包括廣告活動、公關活動、媒體宣傳活動、事件行銷活動、節慶促銷活動、店內廣宣活動、店內布置、品牌知名度建立、通路建立及定價策略等。
5. 服務業的客戶是一般消費大眾，經常有數十萬人到數百萬人之多，與製造業的少數幾個 OEM 大客戶是大不同的。因此，在顧客資訊系統的建置與顧客會員分級對待經營等，比較加以重視。

（四）服務業贏的關鍵成功因素

茲歸納服務業贏的關鍵因素如下：

1. 服務業的「連鎖化」經營，才能形成規模經濟效應化。不管是直營店或加盟店的「連鎖化」、「規模化」經營，皆是首要競爭優勢的關鍵。例如像統一超商 7-11 的 6000 家店、家樂福的 260 家店、全聯福利中心的 1000 家店等。
2. 服務業的「人的品質」經營，才能使顧客感受到滿意及具忠誠度。
3. 服務業的進入門檻很低，因此，要不斷「創新」、「改變」經營。唯有創新，才能領先。
4. 服務業很重視「品牌」形象。因此服務業會投入較多的廣告宣傳與媒體公關活動的操作，以不斷提升及鞏固服務業品牌形象的排名。
5. 服務業的「差異化」與「特色化」經營，才能與競爭對手區隔，也才有獲利的可能。服務業如沒有差異化特色，就找不到顧客層，以及會陷入價格競爭。
6. 服務業很重視「現場環境」的布置、燈光、色系、動線、裝潢、視覺等。因此，有日趨高級化、高檔化的現場環境投資趨勢。

7. 最後，服務業也必須提供「便利化」，據點愈多愈好。

茲圖示如下：

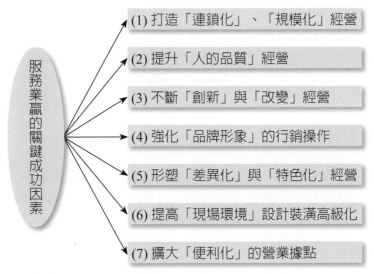

服務業贏的關鍵成功因素

(1) 打造「連鎖化」、「規模化」經營

(2) 提升「人的品質」經營

(3) 不斷「創新」與「改變」經營

(4) 強化「品牌形象」的行銷操作

(5) 形塑「差異化」與「特色化」經營

(6) 提高「現場環境」設計裝潢高級化

(7) 擴大「便利化」的營業據點

圖 3-4　服務業贏的關鍵成功因素

第二節　BU 制度

一、何謂 BU 制度？

BU 制度，係指近年來常見的一種組織設計制度。它是從 SBU（Strategic Business Unit；戰略事業單位）制度，逐步簡化稱為 BU（Business Unit），然後，因為可以有很多個 BU 存在，故也可稱為 BUs。

BU 組織，即指公司可以依事業別、公司別、產品別、任務別、品牌別、分公司別、分館別、客戶別、層樓別等不同，而將之歸納為幾個不同的 BU 單位，使之權責一致，並加以授權與課予責任，最終要求每個 BU 要能夠獲利才行；此乃 BU 組織設計之最大宗旨。

BU 組織，也有人稱為「責任利潤中心制度」（Profit Center），兩者確實頗為近似。

二、BU 制度優點何在？

BU 的組織制度有何優點呢？大致如下：
1. 確立每個不同組織單位的權力與責任的一致性。
2. 可適度有助於提升企業整體的經營績效。
3. 可以引發內部組織的良性競爭，並發掘優秀潛在人才。
4. 可以有助於形成「績效管理」導向的優良企業文化與組織文化。
5. 可以使公司績效考核能與賞罰制度，有效的連結在一起。

三、BU 制度有何盲點？

BU 組織並不是萬靈丹，也不代表每一個企業採取 BU 制度，每一個 BU 就能夠賺錢獲利，這未免也太不實際了。否則，為什麼同樣實施 BU 制度的公司，依然有不同的成效呢？

因此，須注意：
1. 當 BU 單位的負責人如果不是一個很卓越及很優秀的領導者或管理者時，該 BU 仍然會績效不彰。
2. BU 組織欲發揮功效，仍需要有其他的配套措施配合運作才能畢其功。

四、BU 組織單位如何劃分？

實務上，因各行各業甚多，因此，可以看到 BU 的劃分，可以從下列切入：

公司別 BU、事業部別 BU、分公司別 BU、各店別 BU、各地區別 BU、各館別 BU、各產品別 BU、各品牌別 BU、各廠別 BU、各任務別 BU、各重要客戶別 BU、各分層樓別 BU、各品類別 BU、各海外國別 BU 等。

舉例來說：

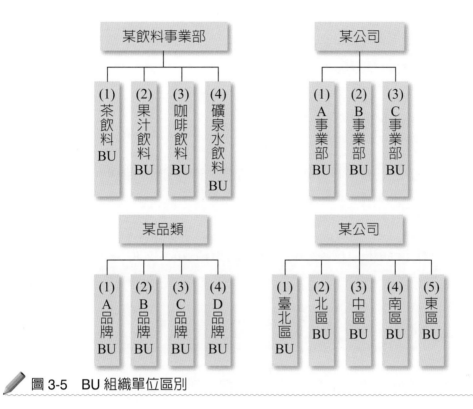

圖 3-5　BU 組織單位區別

五、BU 制度如何運作（執行步驟）？

BU 制度的步驟流程，大致如圖 3-6 所示。

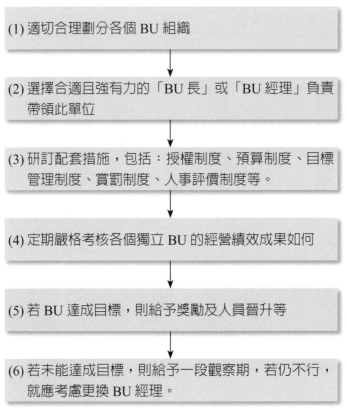

(1) 適切合理劃分各個 BU 組織

(2) 選擇合適且強有力的「BU 長」或「BU 經理」負責帶領此單位

(3) 研訂配套措施，包括：授權制度、預算制度、目標管理制度、賞罰制度、人事評價制度等。

(4) 定期嚴格考核各個獨立 BU 的經營績效成果如何

(5) 若 BU 達成目標，則給予獎勵及人員晉升等

(6) 若未能達成目標，則給予一段觀察期，若仍不行，就應考慮更換 BU 經理。

圖 3-6　BU 制度運作流程

六、BU 制度成功的要因何在？

　　BU 組織制度並不保證它都會成功且令人滿意的；不過歸納企業實務上，成功的 BU 組織制度，有如下原因：

1. 要有一個強有力 BU Leader（領導人、經理人、負責人）才行。
2. 要有一個完整的 BU「人才團隊」組織。一個 BU 就好像是一個獨立運作的單位，它需要有各種優秀人才的組成才行。
3. 要有一個完整的配套措施、制度及辦法。
4. 要認真檢視自身 BU 的競爭優勢與核心能力何在？每一個 BU 必須確信超越任何競爭對手的 BU。
5. 最高階經營者要堅定決定貫徹 BU 組織制度。

6. BU 經理的年齡層有日益年輕化的**趨勢**，因爲年輕人有企圖心、有上進心，對物質經濟有追求心、有體力、有活力、有創新。因此，BU 經理彼此會有良性的進步競爭動力存在。

7. 幕僚單位有時候仍未歸屬各個 BU 內，故仍積極支援各個 BU 的工作推動。

七、BU 制度與損益表如何結合？

BU 制度最終仍要看每一個 BU 是否爲公司帶來獲利與否，每一個 BU 都能賺錢，全公司累計起來，就會賺錢；茲圖示如圖 3-7。

○○公司○○年度（4 個 BU 損益表）

	BU1	BU2	BU3	BU4	合計
①營業收入	$××××	$××××	$××××	$××××	$××××
②營業成本	$(××××)	$( )	$( )	$( )	$( )
③營業毛利	$××××	$××××	$××××	$××××	$××××
④營業費用	$(××××)	$( )	$( )	$( )	$( )
⑤營業損益	$××××	$××××	$××××	$××××	$××××
⑥總公司幕僚費用分攤額	$(××××)	$( )	$( )	$( )	$( )
⑦稅前損益	$××××	$××××	$××××	$××××	$××××

圖 3-7　BU 制度與損益表之結合

第三節　預算管理

一、何謂預算管理

「預算管理」（Budget Management）對企業界是非常重要的，也是經常在會議上被拿來當作討論的議題內容。

所謂「預算管理」，即指企業爲各單位訂定各種預算，包括營收預算、成本預算、費用預算、損益（盈虧）預算、資本預算等；然後針對各單位每週、每月、每

季、每半年、每年等定期檢討各單位是否達成了當初所訂定的目標數據，並且作為高階經營者對企業經營績效的控管與評估主要工具之一。

二、預算管理的目的何在？

「預算管理」之目的及目標，主要有下列幾項：

1. 預算管理係作為全公司及各單位組織營運績效考核的依據指標之一。特別是在獲利或虧損的損益預算績效上是否達成目標預算。
2. 預算管理亦可視為「目標管理」（Management by Objective, MBO）的方式之一，也是最普遍可見的有力工具。
3. 預算管理可作為各單位執行力的依據與憑據。有了預算，執行單位才可以去做某些事情。
4. 預算管理亦應視為與企業策略管理相輔相成的參考準則。公司高階訂定發展策略方針後，各單位即訂定相隨的預算數據。

三、預算何時訂定？

實務上企業都在每年的年底快結束時，即 12 月底或 12 月中旬時，即須提出明年度或下年度的營運預算，然後進行討論及定案。

四、預算有哪幾種？

基本上來說，預算可以區分為：

1. 年度（含各月別）損益表預算（獲利率或虧損預算）。
2. 年度（含各月別）資本預算（資本支出預算）。
3. 年度（含各月別）現金流量預算。

而在損益表預算中，又可細分為：

1. 營業收入預算。
2. 營業成本預算。
3. 營業費用預算。
4. 營業外收入與支出預算。
5. 營業損益預算。
6. 稅前及稅後損益預算。

五、哪些單位要訂定預算？

幾乎全公司都要訂定預算，其所不同的只是：有些是事業部門的預算，有些則是幕僚單位的預算。幕僚單位的預算是純費用支出的，而事業部門則有收入，也有支出。

因此，預算的訂定單位，應該包括：

1. 全公司預算。
2. 事業部門預算。
3. 幕僚部門預算（財會部、行政管理部、企劃部、資訊部、法務部、人資部、總經理室、董事長室、稽核室等）。

六、預算如何訂定？

預算訂定的流程，大致如圖 3-8 所示。

(1) 經營者提出下年度的經營策略、經營方針、經營重點及大致損益的挑戰目標。

↓

(2) 由財會部門主辦，並請各事業部門提出初步的年度損益表預算及資本預算的數據。

↓

(3) 財會部門請各幕僚單位提出該單位下年度的費用支出預算數據。

↓

(4) 由財會部門彙整各事業單位、各幕僚部門的數據，然後形成全公司的損益表預算及資本支出預算。

↓

(5) 然後，由最高階經營者召集各單位主管共同討論、修正及最後定案。

↓

(6) 定案後，進入新年度即正式依據新年度預算目標，展開各單位的工作任務與營運活動。

圖 3-8　預算訂定的流程圖

七、預算何時檢討及調整？

在企業實務上，預算檢討會議是經常可見的，就營業單位而言，幾乎每週都至少要檢討上週達成的業績狀況是如何，幾乎每月也要檢討上月的損益狀況如何，與原訂的預算目標相比較，是超出或不足？超出或不足的比例、金額及原因是什麼？又有何對策？以及如果連續一、二個月下來，都無法依照預期預算目標達成的話，則應該要進行預算數據的調整了。調整預算，即表示要「修正預算」，包括「下修」預算或「上調」預算。下修預算，即代表預算沒達成，往下減少營收預算數據或減少獲利預算數字。

總之，預算是關係著公司的最終損益結果，因此，必須時刻關注預算的達成狀況如何，而做必要的調整。

八、有預算制度，是否表示公司一定會賺錢？

　　答案當然是否定的。預算制度雖很重要，但它也只是一項績效控管的管理工具而已。它並不代表有了預算控管就一定會賺錢；公司要獲利賺錢，此事牽涉到很多面向問題，包括產業結構、經濟景氣狀況如何、人才團隊、老闆策略、企業文化、組織文化、核心競爭力、競爭優勢、對手競爭等太多的因素了。

　　不過，優良的企業，是一定會做好預算管理制度的。

九、預算制度的對象，有愈來愈細的趨勢

　　最後，要提的是，近年來企業的預算制度對象有愈來愈細的趨勢。

　　包括已出現的有：

1. 各分公司別預算。
2. 各分店別預算。
3. 各分館別預算。
4. 各品牌別預算。
5. 各產品別預算。
6. 各款式別預算。
7. 各地域別預算。

　　這種趨勢，其實與目前流行的「各單位利潤中心責任制度」是有相關的，因此，組織單位劃分日益精細，權責也日益清楚，接著各細部單位的預算也就跟著產生了。

十、損益表預算格式

　　茲列示最普及的損益表格式（按月別）如下：

表 3-1 損益表

單位：元

	1月	2月	3月	4月	5月	6月	7月	8月	9月	10月	11月	12月	合計
①營業收入													
②營業成本													
③營業毛利 ＝①－②													
④營業費用													
⑤營業損益 ＝③－④													
⑥營業外收入 與支出													
⑦稅前損益 ＝⑤－⑥													
⑧營利事業所 得稅													
⑨稅後損益 ＝⑦－⑧													

第四節　SWOT 分析的內涵

一、SWOT 分析的兩種圖示法

　　SWOT 分析是大家所耳熟能詳的分析方法，其圖示表達方法，可從兩種角度來呈現，如圖 3-9 所示。

（一）第一種

	S：優勢	W：劣勢
公司內部環境	S_1：strength S_2：⋮ ⋮	W：weakness W_1：⋮ W_2：⋮
	O：機會	T：威脅
公司外部環境	O：opportunity O_1：⋮ O_2：⋮	T：threat T_1：⋮ T_2：⋮

圖 3-9　SWOT 分析

由上圖可知：

1. 從公司內部環境來看，有哪些優勢及劣勢。

　　例如：公司成立歷史長短、公司品牌知名度的強弱、公司研發團隊的強弱、公司通路的強弱、公司產品組合完整的強弱、公司廣告預算多少的強弱、公司成本與規模經濟效益的強弱等。

2. 從公司外部環境來看，有哪些好機會（商機）或威脅（不利問題）。

　　例如：茶飲料崛起、健康意識興起、自然、有機、樂活風潮流行、景氣低迷對平價商品或平價商店的機會等。

（二）第二種

	優勢	劣勢
機會	A 行動	B 行動
威脅	C 行動	D 行動

圖 3-10　SWOT 分析之因應對策

上圖則是表達了四種可能狀況下的因應對策：

1. 公司擁有的優勢，而且又是面對環境商機出現，則此時本公司應採取什麼樣的 A 行動。此行動當然即是趕快介入參與的策略。
2. 公司面對環境商機，但都是劣勢，此時公司應考量是否能夠補足這些劣勢，轉變為優勢，如此才能掌握此商機。此時為 B 行動。
3. 至於 C 行動，則是面對環境的威脅與不利，但卻是本公司的優勢，此時亦應考慮如何應變。例如某食品公司的專長優勢是茶飲料，在面對很多對手都介入茶飲料市場，此時該公司該如何應對呢？
4. 最後 D 行動，則同時是環境威脅，又是本公司劣勢，此時公司就必須採取撤退對策了。

二、SWOT 分析的細節項目

SWOT 分析，其實就是一種環境情報的分析，包括從公司內部與公司外部的環境分析，具體來說，可從圖 3-11 的細節項目著手，比較有系統。

（一）公司內部資訊情報的優勢與劣勢

可從 (1) 組織與管理面向、(2) 行銷 4P 面向，以及 (3) 商品與推廣面向來看。

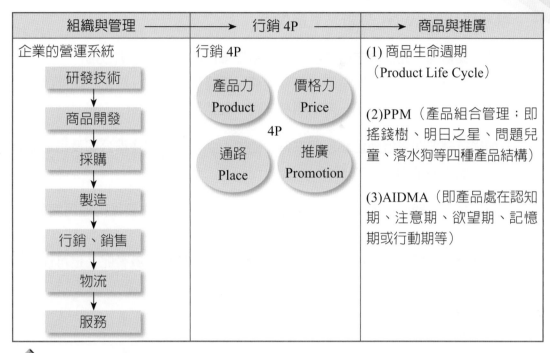

圖 3-11　内部資訊的優劣勢分析

（二）公司外部資訊情報的機會與威脅

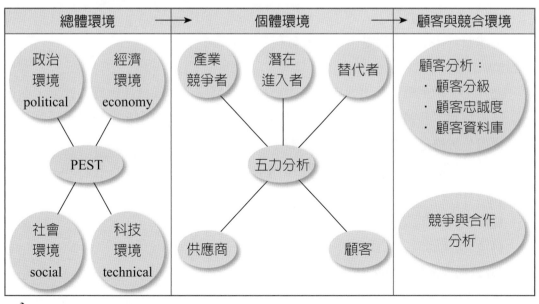

圖 3-12　外部資訊的機會與威脅

三、哪些單位做 SWOT 分析？怎麼做？

（一）就企業實務，如從全方位來看，幾乎每個單位都要做 SWOT 分析

　　包括：董事長室及總經理室的高階幕僚們、策略規劃部門、經營企劃部門、事業部門、行銷部門、研發部門、商品開發部門、製造部門……。

（二）如從行銷部門或行銷企劃部門來看，他們更必須時刻關注著公司及市場的變化，而定期做出 SWOT 分析。

（三）行銷企劃部門應有專人專責，定期提出 SWOT 分析，主要從兩種角度著手

1. OT 分析

　　公司在行銷整體面向，面臨了哪些外部環境帶來的機會或威脅呢？這可從：

(1) 競爭對手面看。

(2) 顧客群面看。

(3) 上游供應商面看。

(4) 下游通路商面看。

(5) 政治與經濟面看。

(6) 社會、人口、文化、潮流面看。

(7) 經濟面看。

(8) 產業結構面看。

上述 (1)～(8) 項的改變，是帶來有利？或不利？

2. SW 分析

　　此外，行銷企劃人員也要定期檢視公司內部環境及內部營運數據的改變，而從此觀察到本公司過去長期以來的優勢及劣勢是否也有變化？優勢是否更強？或衰退？劣勢是否得到改善？或更弱了？包括：

(1) 公司整體市佔率，個別品牌市佔率的變化。

(2) 公司營收額及獲利額的變化。

(3) 公司研發能力的變化。

(4) 公司業務能力的變化。

(5) 公司產品能力的變化。

(6) 公司行銷能力的變化。

(7) 公司通路能力的變化。

(8) 公司企業形象能力的變化。

(9) 公司廣宣能力的變化。

(10) 公司人力素質能力的變化。

(11) 公司 IT 資訊能力的變化。

3. SWOT 的步驟，在實務上大致如圖 3-13 所示。

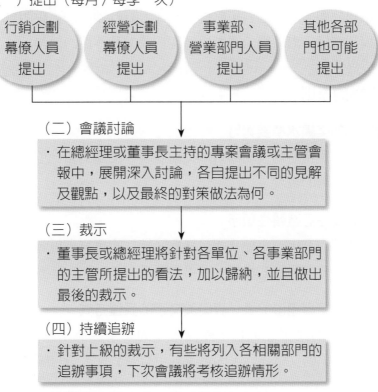

（一）提出（每月／每季一次）

| 行銷企劃
幕僚人員
提出 | 經營企劃
幕僚人員
提出 | 事業部、
營業部門人員
提出 | 其他各部
門也可能
提出 |

（二）會議討論

・在總經理或董事長主持的專案會議或主管會報中，展開深入討論，各自提出不同的見解及觀點，以及最終的對策做法為何。

（三）裁示

・董事長或總經理將針對各單位、各事業部門的主管所提出的看法，加以歸納，並且做出最後的裁示。

（四）持續追辦

・針對上級的裁示，有些將列入各相關部門的追辦事項，下次會議將考核追辦情形。

圖 3-13　SWOT 分析之步驟

第五節　簡報撰寫原則與簡報技巧

一、簡報類型

（一）對內簡報

對上級長官、對老闆及對業務單位的簡報。

（二）對外簡報

對外部機構的簡報，包括對策略聯盟夥伴、銀行團、法人說明會、董事會、媒體記者團、投資機構、海外總公司、重要客戶及業務夥伴的簡報。

二、簡報撰寫的原則

（一）簡報撰寫的美編水準要夠好

一目瞭然，這是精心編製的高水準美編表現。美編猶如一位女生的外在打扮及化妝，是一個外在美的表現。

（二）簡報撰寫要注意邏輯性順序

簡報的大綱及內容，一定要有邏輯性與系統性的撰寫表現，就像一部好電影一樣，從頭到尾都很有邏輯性的進展，不可太混亂。

（三）簡報撰寫要掌握圖優於表、表優於文字的表達方式

不能寫太冗長的文字，但也不能寫太少的文字，能用圖形或表格方式表達的，絕對優於一大串的文字內容，因為圖表可以達到使人一目瞭然之良好效果。

（四）簡報內容一定要站在對方（聽簡報者）的角度、立場為出發點

包括：客戶的角度及立場、老闆的角度及立場、股東的角度及立場、投資事情的角度及立場、合作夥伴的角度及立場、消費者的角度及立場等。

（五）簡報撰寫內容要從頭到尾多看幾遍、多討論幾次，一定要盡可能完整周全，勿有遺漏處

多想想對方會問些什麼問題，盡可能在簡報內容裡一次呈現，如此代表一個完美（Perfect）無懈可擊、可圈可點的簡報內容。

（六）簡報撰寫內容要給對方高度的信心，且沒有任何的太多質疑

簡報內容要展現出貴公司團隊及專案小組已有萬全的規劃準備及經驗。

（七）簡報撰寫要點

亦即要寫出對方（對內或對外簡報皆然）真正想要聽的地方、真正想要知道的答案、真正能滿足他們的需求、真正能帶給他們利益所在、真正為他們解決問題、真正為他們找到新出路與新方向的好處所在。

（八）簡報撰寫的內容，要思考到「6W/3H/1E」的十項完整事項是否都已含括

包括：6W：what、when、where、who、why、whom

　　　3H：how much、how long、how to do

　　　1E：evaluate

不要遺漏了對十項原則的思考點。

（九）簡報內容應適度運用一些有學問的及有學識基礎的專業理論用詞串在裡頭

如果能夠「實務＋學問」，那就是一個頂級的簡報內容了。因為，有時候聽簡報的對象可能都是老闆級的、高階主管級的、專業性很強的、或是碩、博士以上學歷的一群人，同時，要展現出有學識基礎的專業出來。例如像法說會、國外策略聯盟合作案、大型客戶會談⋯⋯均是。

（十）簡報撰寫首尾頁要注意基本禮儀與謙恭的態度

例如結尾時要帶上一句話：「謝謝聆聽，敬請指教」。

（十一）簡報內容最好要有數據內容，不要只有文字內容

因為有數據才能下決策。

三、簡報管理要點

（一）要組成「堅強的簡報團隊」親赴現場。

（二）要注意簡報人層次的「對等性」問題

亦即對於聽簡報的人或在公司是什麼職務與階層的人，我們就要派出相對的簡報人出馬才行。這是尊重與禮貌的問題。

（三）要「提早時間」赴對方現場做好各項準備，然後從容的等對方聆聽者出席，切勿在現場匆匆忙忙。

（四）「書面資料、份數及裝訂」在事前準備妥當，不可掛一漏萬。

（五）負責現場的「簡報人」是主角，一定要做好演練的準備工作。

（六）簡報完畢後，對方所提的各項問題，我方都應虛心接受及妥善溫和回答，不應有讓對方覺得我方善辯的不良感受，並且要感謝對方所提出的問題點。

四、理想簡報人的要點

（一）簡報人必須事前對簡報內容有充分的準備演練及熟悉，而不是一個簡報機器而已。

一定要讓對方感受到：您的專業、您的投入、您的用心、您的準備，以及帶給對方的信賴感。

（二）簡報人要看對方的階層與職務，而派出相對應的負責簡報人員

例如對方如果是中大型公司，總經理在聽取簡報，那我方就不能派出年資太淺的基層專員，一定要派出經理、協理或副總經理上場對應才行。

（三）簡報時間應該好好掌握，務必在對方要求的時間內完成

原則上，一項簡報，應盡可能在 30 分鐘內完成；除非是超大型的簡報，涉及很多個專業面向，才能夠超過 30 分鐘。

（四）簡報人應展開的「態度」

謙虛中帶有自信；誠懇中帶有專業；平實而不浮華；團隊而非個人英雄。

（五）簡報人不宜緊張，要有大將之風，要見過世面。

（六）簡報人口齒應清晰、服裝應端莊、精神應有活力、神情不宜太拘謹、要面帶笑容、要落落大方、說話要吸引別人注意。

第 4 章

經營企劃知識重要關鍵字
彙整

1. 效率與效能的區別（Efficiency & Effectiveness）
2. 策略方向與競爭利基
3. 經營團隊（管理團隊）（Management Team）
4. 戰略思考的深度及廣度
5. 企業策略、經營策略（Business Strategy）
6. 經營理念、經營策略、經營計劃
7. 營運企劃書（Business Plan）
8. 經營願景（Vision）
9. 使命、願景、核心價值觀（Mission, Vision, and Core Value）
10. 集團策略→公司策略→事業部策略→功能部門策略
11. 經營決策委員會（Business Committee）
12. 公司策略（Corporate Strategy）
13. 功能策略：行銷策略、業務策略、採購策略、資訊策略、庫存策略、物流策略、生產策略、定價策略、研發策略、財務策略、組織策略、併購策略、產品策略、服務策略、投資策略、品管策略、智產權策略、人力資源策略
14. 創新策略（Innovation Strategy）
15. 組織變革策略（Organizational Change Strategy）
16. OEM 代工策略
17. 上市櫃（Initial Public Offer, IPO）
18. 品牌策略（Brand Strategy）
19. 私募（Private Place）
20. 聯貸策略（Syndicated Loan）
21. 經營目標（Business Objective）
22. 策略抉擇（選擇）（Strategy Trade-off）
23. 管運範疇（Business Scope）
24. 核心資源（Core Resources）
25. 事業網路（Business Network）
26. 經營策略檢討三要素：事業範疇、核心能力、市場機會
27. 核心專長、核心競爭力（Core-Competence）
28. 企業核心價值（Core Value）

29. 專利權專有性

30. 策略意圖（Strategic Intention）

31. 策略＝願景＋方法＋行動

32. 策略 SWOT 分析

33. 產業五力分析（產業競爭者、潛在進入者、替代者、供應商、顧客）

34. 損益表：營收、毛利、純益

35. 每股盈餘（EPS）

36. 股東權益報酬率（ROE）

37. 資產報酬率（ROA）

38. 企業的競爭優勢（Competitive Advantage）

39. 價值創造

40. 配適性（fit）

41. 事業模式、商業模式（Business Model）

42. 獲利模式（Profit Model）

43. 策略的外部環境分析：產業環境、經濟環境、政策法令環境、科技環境、市場環境、競爭者環境、社會文化環境、人口與消費環境

44. 競爭對手分析

45. 全球化市場分析

46. 外部條件與內部條件分析

47. 全球化市場分析

48. 技術、商標、品牌授權

49. 合資（Joint Venture）與獨資

50. 策略的制定及形成過程

51. 策略的具體方案

52. 策略的評估、改變與再調整

53. 策略與執行力

54. 策略聯盟（Strategic Alliance）

55. 策略定位（Strategic Positioning）

56. 策略的替代方案

57. 策略的推演（Scenario）

58. 穩定策略（Stability Strategy）

59. 成長策略（Growth Strategy）

60. 中期 3 年經營計劃（Mid-term Business Plan）

61. 擴張產品線策略

62. 擴張海外市場策略

63. 強化產品組合（Portfolio）策略

64. 向上游垂直整合策略

65. 向下游垂直整合策略

66. 水平併購策略

67. 工廠合併策略

68. 多角化擴張策略（Diversified Strategy）

69. 多品牌擴張策略（Multi-brand Strategy）

70. 專注（Focus）經營策略

71. 差異化競爭策略（Differentiation Strategy）

72. 利基市場策略（Niche-Market Strategy）

73. 拓店策略

74. 海外代理品牌策略

75. 複製既有模式，尋求擴張

76. 出售工廠、事業部門

77. 削減工廠

78. 全球工廠整併

79. 規模經濟生產效益

80. 市場佔有率

81. 通路為主

82. 打造自有品牌

83. 全球版圖擴張

84. 海外新興國家市場

85. 深耕既有產品線

86. 掌握關鍵零組件

87. 中國生產基地布局

88. 綜效（Synergy）

89. 集團事業版圖

90. 市場深化策略

91. 新產品開發策略

92. 異業合作策略

93. 低成本策略（Low-cost Strategy）

94. 成本降低專案（Cost Down Project）

95. 資本支出（Capital Expenditure）

96. 新事業投資可行性評估

97. 轉投資子公司

98. 策略風險性承擔

99. 產品結構與獲利結構

100. 各產品對獲利的貢獻度

101. 行銷 4P 策略（產品、定價、通路、推廣）

102. 市場區隔策略

103. 環境新商機

104. 營運績效（Performance）：獲利率、毛利率、營收成長率、EPS、ROE、ROA、公司總市值、股價

105. 全球運疇

106. 全球研發中心

107. 外部資訊情報

108. 公司年度預算與預算達成度

109. IT 工具：SCM（供應鏈管理）、ECR（快速交貨管理）、POS、Call-Center

110. 董事會與公司治理

111. 預測未來環境變化趨勢

112. 未來年度財務預測（Financial Forecasting）

113. 供應商環境變化

114. 顧客環境變化

115. 改革（革新）計劃

116. 產業價值鏈

117. 產業成本結構

118. 產業行銷通路

119. 產業集中度

120. 產業生命週期

121. 贏的關鍵成功要素（Key Success Factor）

122. 產業經濟結構（獨佔、寡佔、獨佔競爭、完全競爭）

123. 企業與法律環境

124. 公司價值鏈（Corporate Value Chain）＝主要活動＋次要支援活動

125. 學習曲線效果（降低成本）

126. 產能使用率

127. 統合作業

128. 基本競爭策略（Generic Competitive Strategy）：成本領導、集中差異化、集中策略

129. 企業轉型（Business Transition）

130. 交易成本理論（Transaction Cost Theory）

131. 外包策略（Outsourcing Strategy）

132. 國際產品生命週期

133. 賽局理論（Game Theory）

134. 範疇經濟

135. 資源基礎理論（Resource-Base Theory）

136. 人力資本（Human Capital）

137. 全球化人才資源（Global HRM）

138. 先佔市場（先入）策略

139. 併購（Merge & Acqusition, M&A）

140. 策略性併購（Strategic M&A）

141. 經營資源互補

142. 併購 D.D（實地審查；Due Diligence）

143. 企業價值（Corporate Value）

144. 跨國併購

145. 資訊科技與競爭策略

146. 持續性競爭優勢

147. 公司治理的組織體制（Corporate Governance）

148. 企業社會責任（Corporate Social Responsibility, CSR）

149. SBU（策略性事業單位）（Strategic Business Unit）（又稱為 BU 制度）

第 5 章

日本及國內知名公司未來 3
年「中期經營計劃」及「法
人說明會」報告書實例

案例 1 日本 SONY 公司未來 3 年「中期經營方針」對外報告書（報告人：
SONY 董事長）

一、3 年前發表的 SONY 再生計劃推展後實際成果說明

（一）現在 SONY 的概況

1. SONY 最強的部分仍然加以維持。

2. 電視機及遊戲機事業在去年度均已達成盈餘化。

3. 對失敗事業及高風險事業的投資，已充分檢討完成。

4. 建構新的事業模式（Business Model）。

（二）實行同業領導品牌的計劃作為

1. 對新技術及新服務嚴選的投資。

2. 軟體服務的技術優先加入。

3. 對新興市場的率先投入。

4. 展開與同業的競爭比較績效評估。

（三）對去年度結構改革進步的報告

1. 商品類別過多的削減（已削減 15 類產品）。

2. 人員削減（已削減 1 萬人）。

3. 資產處分賣掉（已賣掉 1200 億日圓）。

4. 成本削減（已削減 2000 億日圓）。

5. 生產據點的統合（已有 11 處據點）。

（四）行動電話事業部門的成果檢討

1. 去年銷售 1 億臺手機。

2. 對集團企業帶來合作效益（音樂、電影）。

3. 全球有 2 億 5000 萬個使用者。

（五）電子事業部門成果檢討

1. Bravia 液晶電視機獲得世界性領導地位品牌。

2. 對公司獲利貢獻大。

（六）Game 事業部門成本檢討

1. PS3 及 PSP 普及臺數 5000 萬臺達成。
2. 去年度轉虧爲盈。

（七）電影事業部門成果檢討

1. 去年全美電影收入達成年營收 10 億美元。
2. 全美電影新上映排行榜電影數目居第一位。
3. 協助手機、電視、電子等事業單位之資源整合綜效。
4. 電影銷售全球化發行。

（八）金融事業部門成果檢討

1. SONY 生命保險公司過去 3 年持續 10% 以上成長。
2. 顧客滿意度高。

（九）音樂事業部門

1. SONY 與 BMG 合併，規模化及效率化。
2. 音樂對手機及電影事業的綜效發揮。

（十）合併損益表（近 3 年）

營收及純益額均已見改善。

二、現在面對的經營環境（Business Environment）

1. 全球景氣瞬間衰退與低迷。
2. 全球顧客對商品及服務要求的品質與創新愈來愈高，但價格卻愈來愈低。
3. 未來新技術革新仍會帶來新商機的出現。
4. 金融市場顯得脆弱及不安定。

三、今年重要的三個經營對策

（一）對核心事業（Core Business）的持續強化

1. 2010 年液晶電視機居世界第一位。
2. Game 事業加速具魅力的軟體產品上市。

3. 對投資的嚴選，要確保成長性與值得性的投資。

4. 對操作營運（Operation）效率的提升——供應鏈管理的改善。

（二）對網路服務（Network Service）商品的新開發展開

（三）對金磚四國（BRIC）成長契機的最大極限活用

對 BRIC 四國在 2025 年的營收額要倍增到 2 兆日圓目標（註：BRIC 包括中國、印度、巴西及俄羅斯四國）。

（四）未來 3 年的中期財務戰略

1. 營業純益率目標為 5%，而這依賴於必要的創新活動。

2. 確定各種資本投資的報酬率評估及審查機制，確保投資效益產生及避免不當投資。

3. 2011 年股東權益報酬率（ROE）達到 10% 目標。

4. 確保資產負債表結構性的妥當及適切比例要求。

四、結語：迎向成功的「SONY United」，3 年中期重要目標

（一）持續企業各種改革活動
（二）確保業者領導地位的各種計劃貫徹
（三）要求獲利額的擴大

1. 虧損事業要轉虧為盈。

2. 投資嚴選。

3. 營運效率提高。

（四）營收額的成長

1. 海外事業營收持續成長。

2. 各事業部門營收持續成長。

案例 2　日本 Panasonic（原松下公司，現已改名）「今年度經營方針」記者招待會企劃報告（報告人：總經理）

一、去年度的綜合概述與經營現狀

（一）重點工作主題的進展情況

1. 海外增加銷售成果
   (1) 10% 成長率達成。
   (2) 金磚四國（BRIC）新興市場的推廣。
2. 四個戰略事業部門的概況說明。
3. 產品的創新概況說明。
4. 核心戰略
   (1) 二氧化碳排出量削減計劃。
   (2) 環保議題全球的推動。

（二）現在的經營環境趨勢變化

1. 全球金融危機與世界消費力衰退。
2. 新興市場擴大與低價格的走向明顯。

二、今年度的重點工作任務

（一）在嚴峻環境下的基本方針

1. 展開澈底的構造改革及體質強化。
2. 往成長的方向要求前進突破。

（二）對去年推動的 GP3 專案計劃做最後的衝刺

（三）期待全球景氣復甦時，能有飛躍的成長

（四）今年度經營體質的再造

1. 對成長投資及撤退削減事業部門決策，一定要非常明確化：連續 3 年虧損的事業單位，展開撤退及停止的準備期。
2. 對公司治理體系的強化。
3. 對每一項主力產品成本結構的降低再檢視。

4.對設備投資，抱持審慎態度，力求最小投資及最大效果。

（五）今年度成長出擊的工作

1.成長與發展的主力在商品的創新及革新上市；商品力提升務求從顧客觀點為出發點，並以省能源、安全、品質、環保等為要求。

2.對海外金磚四國的加強拓展，以及對先進國家富裕層顧客群的深耕。

3.加強全球 Panasonic 品牌行銷工作及通路銷售網的布建。

4.薄型液晶電視事業部門的成長計劃說明

　(1)總投資設備金額的修正。

　(2)今年度銷售目標數：1550 萬臺。

5.對本集團眾多家電數位商品線的資源整合與綜效發揮合作推動──冷氣、照明、冰箱、電視、小家電、手機等產品。

6.家電產品全球市場加速拓展，以及各海外子公司重點銷售任務的推動。

7.新事業部門的開創（例如機器人事業部專案計劃）。

8.對三洋電機公司併購後，營運績效的改善。

9.四個未來新戰略事業

　(1)太陽電池。

　(2)燃料電池。

　(3)二次電池。

　(4)省能源設備。

（六）對環境經營的強化

1.省能源 No.1。

2.二氧化碳排出總量削減。

3.全球化的積極推進。

三、結語：打破困局，迎向挑戰，創造佳績。

案例 3 日本 EPSON 公司「中期經營計劃」說明會大綱（報告人：總經理）

一、中期經營計劃 —— 創造與挑戰

（一）數位影像的創新（Digital Image Innovation）

（二）EPSON 三個成長戰略（Printer、Projector、Display）

（三）中期集團的經營方針：收益力強化改革計劃

1. 事業及商品組合的明確化及強化。

2. Device 事業結構改革的推進。

3. 成本效率的澈底強化。

4. 公司治理體系的變革。

5. 企業文化與全員改革的推進。

6. 3 年後獲利額 1000 億日圓的達成。

二、事業及商品組合（Portfolio）與個別事業戰略

（一）做好產品組合管理（依 BCG 模式，以市場成長率高低及獲利率高低為兩軸區別之）

（二）列表機事業部門

1. 成長與衰退的產品項目。

2. 未來各產品項目的戰略發展方向性說明。

3. 重點戰略說明。

（三）中小型液晶顯示器事業部門

1. 市場的預測。

2. 戰略方向性。

3. 重點戰略說明。

4. 商品力強化、數量擴大及成本降低。

（四）半導體事業部門

1. 重點戰略。

三、中期計劃的研究開發方針（2021～2025 年）

（一）Imaging on Paper
（二）Imaging on Screen
（三）Imaging on Glass

四、固定費用結構的改革計劃及改善效果金額

（一）三大事業部門的費用改造計劃
（二）員工效率化的改造計劃

五、中期成本效率化的計劃與目標

（一）採購成本的削減計劃
（二）物流成本的削減計劃
（三）服務支援成本的削減計劃
（四）國內生產據點的整合化與集中化

六、公司治理體系的變革

（一）治理的目的
（二）治理改革的三項具體內容
（三）治理組織體系的改變

七、中期 3 年的營收及純益目標數據（2021～2023 年）

八、結語

案例 4　日本資生堂「未來新 3 年計劃概要」報告大綱（報告人：總經理）

一、新 3 年計劃的「三大宣言」

1. 創造世界顧客最愛的品牌。
2. 迎向世界級最高等級的經營品質目標。
3. 提升資生堂集團作戰力組織體。

二、資生堂新 3 年計劃的全球化經營體制（2021～2023 年）

1. 成長性的擴大與獲利力的提升。
2. 戰略方向性。
3. 數據目標：獲利率 10% 以上、海外營收佔比 40% 以上。

三、具體戰略構築上的關鍵字

1. 成長性擴大與獲利提升的兩種並存。
2. 全球化。
3. 聚焦化。
4. 公司外部資源的活用。

四、全球資生堂品牌的育成與強化

1. 產品線的集中及商品體系的創新。
2. 城市戰略的開展。
3. 海外新興市場的擴大。
4. 集團結合力量的集中及市佔率擴大。

五、亞洲市場壓倒性存在感的確立

1. 亞洲全區域的行銷展開。
2. 中國事業的擴大。

3. 日本第一品牌的鞏固。

六、資生堂集團價值提升的基礎強化計劃

1. 美容顧問活動革新的全球進化展開。
2. 價值創造力的強化
   (1) 肌質改善＋效果感研究的強化。
   (2) 對新興領域的展開強化。
   (3) 結合公司內部及委外研究開發的展開。
3. 全球各生產據點的整備
   (1) 新開工廠及關掉工廠。
   (2) 核心領域工廠的集中強化。
   (3) 建構全球化導向最適生產供給體制。

七、迎向世界最高經營品質的推動

1. 全球化人才的育成。
2. 組織能力的提升。
3. 公司治理體制的進化。
4. 結構改革的持續推動。
5. 企業社會責任（CSR）積極參與。

八、未來 3 年的經營數據目標

1. 2021～2023 年的營收及純益目標。
2. 成本結構改善的目標。
3. 股東股利發放的目標。

九、結語

案例 5　日本獅王（Lion）日用品公司「中期經營計劃」報告 ──────

一、計劃主軸：企業價值提升

1. 追求消費者的「清潔、健康及美」。
2. 從「生活者價值」迎向「企業價值」提升。

二、今年合併業績目標

1. 營收額目標：4000 億日圓（成長 5.4%）。
2. 純益：200 億日圓（純益率 5%）。
3. ROE（股東權益報酬率）：10%。

三、今年計劃的重點作為

1. 改革 1：成長基礎的再造
   (1) 核心事業的強化及新事業範疇的養成（家庭日用品、藥品、化學品事業）。
   (2) 商品開發及企劃力的強化。
2. 改革 2：獲利結構的改革
   (1) 製成品成本的降低。
   (2) 最適供應鏈管理的建立。
   (3) 生產力的提升。
3. 改革 3：組織能力的提升
   (1) 人才的育成與組織的活化。
   (2) 企業社會責任的積極參與。

案例 6 日本 SHARP 公司年度記者接見會經營計劃說明報告 ——————

一、迎向 2025 年「創業 110 周年」

（一）實現世界 No.1 液晶顯示面板地位
（二）開發省能源及創新能源機器設備以彰顯對世界環境與人類健康的貢獻

二、今年度重點事業任務說明

（一）液晶電視機及大型液晶面板事業

1. 液晶電視機的世界需求。

2. 液晶新技術（65 型、52 型）。

3. 液晶電視機的省能源效果分析。

4. AQUOS 品牌追求畫質、音質、設計的最高峰之美。

5. 大型液晶面板事業（龜山第二工廠的擴充：目標每月 9 萬張）。

（二）太陽電池事業

1. 太陽電池的生產擴大

  (1) 結晶系太陽電池。

  (2) 薄膜太陽電池。

2. 太陽電池的發電成本。

3. 太陽電池二氧化碳削減效果。

三、今年度經營目標

（一）合併總營收目標　　　**（五）ROE 目標**
（二）合併總純益目標　　　**（六）市佔率目標**
（三）純益率目標　　　　　**（七）海外事業拓展目標**
（四）EPS 目標

四、結語

案例 7　日本豐田汽車公司「Business Strategy」（企業戰略）發展簡報

一、企業經營環境（Business Environment）

1. 市場環境變化趨勢
2. 環境議題變化趨勢
3. 原物料上漲變化趨勢

二、策略性優先議題（Strategic Priority）

未來公司資源將專注在下列三項策略性優先議題：

1. 強化省能源及低二氧化碳新車的開發。
2. 積極降低成本（Cost Reduction）以改善獲利性。
3. 擴大在資源豐富國家及新興潛力市場國家的投入營運（例如中國、印度、巴西）。
4. 加速 PHV 及 HV 車的研發。

三、全球各地區的成長策略（Growth Strategy by Region）

1. 美國市場營運策略說明（U.S. Market）。
2. 歐洲市場營運策略說明（European Market）。
3. 中國及俄羅斯市場營運策略說明（Chinese & Russian Market）。
4. 印度及巴西市場營運策略說明（Indian & Brazilian Market）。
5. 日本市場營運策略說明（Japan Market）。

四、海外及日本五大區域的今年度銷售目標計劃圖示（最近 5 年目標數據比較）

五、朝向低碳社會需求環境變化的因應對策

1. Hybrid Vehicle（HV）的策略說明。
2. HV 系統：車型更小、更輕、更省成本。

3. 環境科技（Environmental Technology）創新與應用。

4. 開發 PHV 車（中長期計劃）。

5. 加速 EV 的研發。

六、管理基礎的改善（Management Foundation）

1. 控制降低及固定鋼材成本的上升。

2. 管理基礎的改革：品質（Quality）、成本（Cost）及人力資源（Human Resources）。

七、全球銷售計劃（Sales Plan）

近 4 年持續上升的全球銷售汽車數量（今年預估達 1100 萬輛）。

八、今年預估獲利率目標

克服各種障礙，努力達成 10% 的獲利目標及 1100 萬全球銷售汽車數量。

九、對股東的回饋（Share Holder Return）

預估股利分配。

十、結語：創造一個新的未來

案例 8　日本花王（股）有限公司「年度營運發展」簡報───────

一、去年度經營狀況摘要報告

1. 去年度損益表概述（營收、毛利、淨利、EPS、ROE）。
2. 由於商品高附加價值及銷售力強化，使營收業績仍能持續微幅上升。
3. 面對原物料價格上升影響，使獲利僅微幅上揚。
4. 採取成本下降（Cost Down）因應對策。

二、今年度的成長戰略

　　花王公司的中期成長戰略──朝商品的高附加價值提升，以確保獲利的成長達成。

1. 對保養品及男性用品事業的加速成長。
2. 對基礎事業清潔用品事業的強化。
3. 對海外子公司事業加速成長。
4. 對潛在對象的併購投資。

三、Beauty 事業的發展主軸及預算目標

四、Beauty-Care 事業的發展主軸及預算目標

五、男性市場商品事業的發展主軸及預算目標

六、居家日用品及清潔用品事業的發展主軸及預算目標

七、健康食品事業的發展主軸及預算目標

八、今年度影響公司損益績效的外在因素及其對策

1. 原物料價格上漲的影響。
2. 匯率變動對營收的影響。

3. 國內同業競爭使定價下降的影響。

4. 因應對策

(1) 朝不受原物料上漲影響的高附加價值產品推展開發。

(2) 加強營業銷售力的組織及作為。

(3) 專注亞洲地區海外子公司的成長要求。

(4) 持續成本與費用下降改革計劃的推動。

九、今年度財務預測

1. 預估今年度損益表概況。

2. 預估今年度 EPS、ROE 及 ROA 概況。

十、今年度較大資金支出預估

1. 對未來成長領域的設備資本支出。

2. 可能 M&A（併購）的支出。

十一、結語

案例 9　日本 CANON 公司「3 年中期經營計劃」報告書 ─────

一、預計未來 3 年（2021～2023 年）合併損益表概況（合併營收額及合併獲利額概況）

二、預計未來 3 年四大事業群之營收額推估及佔比分析

1. IT Solution 事業群。
2. 電子商務設備事業群。
3. 產業機器事業群。
4. 辦公文書商業設備事業群。

三、未來 3 年的五大戰略，以確保 3 年中期經營計劃的實現

（一）顧客滿意度 No.1 的實現

1. 組織體制的充實計劃。
2. 服務技術人員的技術力提升計劃。
3. 對應窗口的強化計劃。

（二）ITS 3000 計劃的推進

1. 新綜合公司的再出發：CANON IT Solution 股份有限公司。
2. 事業領域的擴大對策
   (1) 對 SI 事業領域的強化及擴大（包括金融、製造、醫療等系統整合）。
   (2) 對 Solution 商品力的強化。
   (3) 對 IT 產品銷售的強化。

（三）各事業群收益力（獲利力）的提升

1. 對文書辦公設備事業競爭力的強化。
2. 對數位相框 3000 億日圓的實現。
3. 對產業機器事業的強化與擴充。

（四）主要商品市佔率 No.1 的實現

1. No.1 商品的維持與強化品項（表列）。

2. 對潛在 No.1 商品的加速品項（表列）。

（五）經營品質的提升

1. 經營品質協議的實施。

2. CSR（企業社會責任）的強化。

3. 事業永續經營體制的建構。

4. 集團支援服務的推進。

四、3 年後 CANON 發展的願景（Vision）陳述

五、結語

案例 10　統一超商便利商店連鎖公司法人說明會報告大綱 ───────

一、本公司事業範疇（Business Scope）

1. 便利商店事業。
2. 藥妝店事業。
3. 百貨公司事業。
4. 生活日用品事業。
5. 超市事業。
6. 飲品、咖啡事業。
7. 電子商務（網購）事業。
8. 配送運輸事業。

二、本流通集團近 5 年營收額及總店數圖示

三、7-11 在臺灣市場的歷年總店數及市佔率演進

四、今年為止在國內及海外的主要子公司概述

五、財務績效說明

1. 合併損益報表（○○○年度）。
2. 合併資產負債表（○○○年度）。
3. 合併現金流量表（○○○年度）。

六、今年度的資本支出

1. 臺灣地區列示。
2. 海外地區列示。

七、明年度經營展望（Outlook）

1. 開店計劃——預計淨增加 220 店，成長率 4.7%。
2. 毛利率（Gross Profit Ratio）改善計劃。
3. 獲利額小幅上升。

八、對 7-11 的營運策略

1. 調整產品組合（Adjust Product Mix）
   (1) 完整產品線。
   (2) 差異化產品線。
   (3) 改善毛利率（自有品牌、獨家品牌之推出）。
2. 創新服務（Innovative Service）
   (1) i-bon 服務。
   (2) 預購。
   (3) 網路購物。
3. 保持領導地位
   (1) 穩定的招店策略。
   (2) 新店模式研究。

九、對轉投資子公司的店數成長展望

1. 康是美。
2. 統一星巴克。
3. 無印良品。
4. Plaza。
5. Cold Stone（酷聖石）。
6. Mister Donut（甜甜圈）。
7. Afternoon Tea。

十、結語

案例 11　**台灣大哥大行動電信公司法人說明會報告大綱** ——————————

一、○○年度第三季營運成果

1. 第三季合併損益分析（實際、財測與達成率）。
2. 第三季部門別營運成果（營收、EBITDA 及淨利）
   (1) 行動業務。
   (2) 固網業務。
   (3) 有線電視業務。
   (4) 合計。
3. 行動業務同業營收比較分析說明（中華電信、台灣大、遠傳）。
4. 加值與 3G 服務營運成果。
5. 資產負債表分析說明。
6. 公司債到期年度。
7. 現金流量表分析說明。

二、○○年度第四季財務預測

三、近期大事記

1. 庫藏股買回。
2. 榮耀記事。

四、關鍵訊息

五、Q&A

案例 12　統一食品飲料公司「法人說明會」報告內容大綱 ——————

一、統一企業集團簡介

1. 臺灣最大食品公司。
2. 中國領導食品廠商之一。
3. 於亞洲聚焦發展食品及流通事業。

二、集團主要企業及品牌

1. 食品飲料：統一企業。
2. 零售通路：統一超商、家樂福大賣場。
3. 貿易：南聯國際貿易。
4. 投資：統一國際開發。
5. 金融：統一證券。

三、統一企業營運表現

1. 臺灣地區食品營收趨勢圖（近 3 年）。
    (1) 乳飲群（茶、乳品、咖啡、果汁、包裝水）營收。
    (2) 速食群（速食麵）營收。
    (3) 保健群（保健食品及麵包）營收。
    (4) 食糧群（大宗食材、食用油、麵粉、飼料）營收。
    (5) 綜合食品群（冷凍食品、肉品、冰品、調味料）營收。
2. 統一企業營運績效表現列表（近 3 年）
    (1) 母公司營收。
    (2) 營業毛利額及比例。
    (3) 營業淨利額及比例。
    (4) 本期淨利額及比例。
    (5) ROE 比例（股東權益報酬率）。
    (6) EPS（稅後每股盈餘）。

(7) ROA 比例（資產報酬率）。

3. 統一企業在臺灣各品牌的市佔率

(1) 優酪乳：46%。

(2) 鮮乳：27%。

(3) 茶飲料：42%。

(4) 果汁：13%。

(5) 速食麵：48%。

4. 統一企業在臺灣對各食品公司的轉投資

(1) 光泉公司：取得 31% 股權。

(2) 維力公司：取得 32% 股權。

(3) 大統益食用油公司：持股 38%。

四、統一集團流通事業介紹

1. 統一超商（持有 45%）。

2. 關係企業（臺灣）

康是美藥妝店、無印良品、統一星巴克、多拿滋（Mister Donut）、Plaza 賣場、Cold Stone 冰店、統一阪急百貨、統一速達（宅急便）、捷盟物流。

3. 中國市場

中國康是美、中國上海星巴克、中國上海 7-11、中國山東超市。

4. 海外市場

菲律賓 7-11、越南統一超市。

五、統一的亞洲地區食品事業版圖

1. 中國

(1) 統一企業中國控股公司，2007 年 12 月 17 日在香港上市。

(2) 目前在中國，計有 13 座工廠，53 條飲料生產線，50 條速食麵生產線。

(3) 統一企業在中國近 3 年營收成長趨勢圖，各產品別毛利率及全公司的營業利益與淨利益表。

(4) 中國策略聯盟及投資
　①今麥郎飲品（持股 50%）。
　②安德利果汁（持股 15%）。
　③完達山乳業（持股 9%）。
(5) 中國其他食糧事業（黃豆油、飼料）。

2. 東南亞食品事業
(1) 東南亞總營收額。
(2) 泰國統一（持股 100%）。
(3) 印尼統一（持股 49%）。
(4) 越南統一（持股 100%）。
(5) 菲律賓統一（持股 100%）。

六、已處分別的非核心事業（包括萬通銀行、統一安聯保險、統懋半導體等）

七、結語

第6章

經營企劃案例大綱

第一節　超商、百貨公司、量販類

案例 1　某超市賣場連鎖店「新年度營運策略調整」分析報告 ─────

一、競爭環境分析

1. 大型量販店發展都心店大幅展店的不利影響分析。
2. 便利商店連鎖發展的不利影響分析。
3. 消費者購物心理與型態的改變影響分析。
4. 百貨公司及購物中心附設超市的不利影響分析。

二、本公司超市現況的不利點及缺失點深入分析

1. 商品線缺失分析。
2. 虧損店數分析。
3. 店內格局、裝潢缺失分析。
4. 服務水準缺失分析。
5. 販促活動不足缺失分析。
6. 廣告投入不足缺失分析。
7. 競爭特色不足缺失分析。
8. 新店據點不易找缺失分析。
9. 小結。

三、今年度營運策略方針

1. 展店謹慎保守，非好據點不展店。
2. 既有店朝重質不重量改革。
3. 把重心放在強化每一個店經營體質。
4. 計劃關掉多年虧損不善的 8 家店目標。
5. 改裝，提升裝潢水準。

   6. 調整產品源結構

     (1) 新增美妝產品專賣店。

     (2) 大幅改裝生鮮區，增加明亮度及通路（生鮮食品佔 30% 營業）。

   7. 深耕社區顧客型做突圍。

四、今年度總店數、營業額及獲利額預算目標揭示

五、結論

案例 2 某量販店推出「自營品牌」年度營運計劃案撰寫架構內容 ──

一、去年度自營品牌營運總檢討

1. 去年度自營品牌整體營收額、毛利額、獲利額檢討分析。
2. 去年度自營品牌各品項銷售量、銷售額及毛利額檢討分析。
3. 去年度自營品牌與供應廠商合作協力關係檢討分析。
4. 去年度自營品牌佔全公司營收額、毛利額及獲利額比例分析。
5. 去年度自營品牌事業部門各項工作檢討分析。
6. 去年度消費者對自營品牌之總體意見反應整理分析（含優點／缺點／改革建議）。
7. 去年度總檢討。
8. 小結。

二、去年度競爭對手自營品牌業務發展比較分析

1. 營業績效比較分析。
2. 品項績效比較分析。
3. 自營品牌政策與策略比較分析。
4. 行銷比較分析。
5. 小結。

三、今年度自營品牌事業發展計劃

1. 基本政策發展目標。
2. 發展策略布局主軸與訴求重點。
3. 組織與人力的規劃。
4. 產品規劃。
5. 品牌規劃。
6. 定價規劃。
7. 廣宣規劃。

8. 媒體公關規劃。

9. 與供應廠商合作規劃。

10. 成本與毛利率規劃。

11. 營收額／毛利額／獲利額年度預算目標。

12. 時程計劃安排。

13. 各相關單位配合事項說明。

四、今年度兩家同業在推展自營品牌事業之情報蒐集與分析

1. 某○○○連鎖大賣場分析。

2. 某○○○連鎖大賣場分析。

五、今年度本公司與競爭同業在推展自有品牌事業之綜合比較分析與競爭優劣勢分析

1. 綜合列表分析。

2. 競爭優劣勢分析。

六、今年度自營品牌事業發展勝出的關鍵成功因素（K.S.F）分析

七、今年度自營品牌事業發展對本公司在整體發展的貢獻度分析及戰略意義分析

1. 貢獻度分析。

2. 戰略意義分析。

八、結語與恭請裁示

案例 3 某量販公司去年度「營運業績總檢討」報告 ——————

一、全公司去年度營運績效總檢討

    1. 營收達成績效。

    2. 獲利達成績效。

    3. 店數達成績效。

    4. 自有品牌事業達成績效。

    5. 營銷費用率達成績效。

    6. 毛利率達成績效。

    7. 服務滿意度績效。

    8. 產品效益分析。

    9. 媒體公關效益分析。

    10. 促銷活動效益分析。

    11. 與上游供應廠商採購作業分析。

    12. 小結。

二、本公司去年度各種營運績效指標與競爭對手比較分析及優缺點分析

    1. 財務績效面比較分析。

    2. 營業績效面比較分析。

    3. 服務績效面比較分析。

    4. 廣告、公關、促銷、行銷績效面比較分析。

    5. 供應廠商績效面比較分析。

    6. 小結。

三、本公司全省各分店營運績效總檢討

    1. 北、中、南三大區域總檢討。

    2. 各店營運績效總檢討。

    3. 小結。

四、去年度量販店市場、環境變化總檢討分析

1. 法令環境分析。
2. 競爭者環境分析。
3. 消費者環境分析。
4. 供應廠商環境分析。
5. 自有品牌環境分析。
6. 流通業互跨競爭環境分析。

五、去年度店內各大類產品營運狀況分析

1. 各產品線、營收、毛利、獲利貢獻佔比分析。
2. 各產品線銷售量成長或衰退分析。
3. 各產品線採購狀況分析。

六、總結論與得失分析

七、未來新年度應努力改革與進步的基本方向及做法原則說明

八、結語與恭請裁示

案例 4 某百貨公司「新年度營運計劃書」研訂

一、新年度經營環境總體分析評估

1. 競爭者環境評估。
2. 經濟因素環境評估。
3. 消費者因素環境評估。
4. 專櫃廠商因素環境評估。
5. 百貨公司業別變化新趨勢。
6. 小結。

二、今年度經營績效主要目標

1. 營收額目標及成長率目標。
2. 獲利額目標及成長率目標。
3. 市佔率目標及成長率目標。
4. 各分店營收／獲利額目標。

三、今年度營運計劃內容

1. 業務計劃（各店／各樓層）。
2. 廣告計劃。
3. 促銷計劃。
4. 媒體公關計劃。
5. 人力資源計劃。
6. 資訊系統計劃。
7. 服務計劃。
8. 會員經營計劃。
9. 異業合作計劃。
10. 時程安排。
11. 事業革新小組計劃。
12. 財務預算計劃。
13. 安檢計劃。
14. 小結。

四、結語與恭請裁示

案例 5　某大型量販店「改裝商店街」專案評估

一、現況分析

1. 新店、內湖大店營運後成效良好之分析
   (1) 租金收入分析。
   (2) 吸引來客分析。
   (3) 業績成長分析。
   (4) 其他附加效益分析。
   (5) 小結。

二、重點改裝商店街計劃說明

1. 今年度預計擴大改裝 5 家商店街目標數。
2. 5 家地點分布分析。
3. 預計所需投資資金 1.5 億元（每家 3,000 萬 ×5 家）。
4. 預計起始日及完成日期。
5. 改裝商店街後預計效益、投資報酬率及投資回收年限分析。
6. 商店街招商預計對象分析。
7. 改裝執行專案小組組織架構及分工說明。
8. 小結。

三、總結論與恭請裁示

案例 6　某百貨公司「上半年業績檢討」及因應對策報告 ————

一、本公司上半年「業績」與「預算」比較分析表

1. 達成度狀況分析（整體）。
2. 北、中、南三區達成度狀況分析。
3. 全臺 13 個分館達成狀況分析。
4. 今年上半年業績與去年同期比較分析。
5. 小結。

二、今年上半年業界比較分析

1. 整體百貨公司業績（營收額）衰退○○ %。
2. 本公司與競爭對手上半年營收業績比較表。
3. 小結。

三、今年上半年整體百貨市場業績衰退原因分析

1. 信用卡／現金卡債風暴影響。
2. 物價上漲。
3. 薪資所得未增。
4. 景氣仍屬低迷。
5. 消費心態保守。
6. 政治動態。
7. 臺商及其幹部外移中國。
8. 天候變化不定。
9. 虛擬通路競爭的影響（含電視、型錄、網路及直銷等四種通路）。
10. 小結。

四、今年下半年整體「營運對策」方向之建議

1. 加速建置 CRM（顧客關係管理）系統，瞄準優質卡友的來店消費意願。
2. 強調「分眾行銷」，瞄準不同分店的客層。
3. 持續舉辦大型節慶促銷活動，營造消費氣氛，帶動買氣。
4. 強化與各樓層供應商（專櫃）之合作促銷方案施展。
5. 持續加強各種精緻服務，提升主顧客滿意度及來店首選忠誠度。
6. 加強「事件行銷」型態活動舉辦，以創造周邊熱鬧人潮之帶動。

五、今年下半年「管理對策」方向之建議

1. 增加「外派人力」之聘用，降低勞退金之提撥壓力。
2. 部分單位遇缺不補，降低人力成本。
3. 針對電費上漲，注意控制不必要照明及空調成本之浪費。
4. DM 寄發對象及成本應加強篩選及控制。
5. 小結：整體管銷費用，應以降低 3%～5% 為目標要求。

六、結論與恭請裁示

案例 7　某便利超商連鎖店○年度第一波「全店行銷」總檢討報告 ——

一、○年第一波「全店行銷」執行狀況報告

1. 對全臺業績的成長狀況及各分區業績的成長狀況說明。
2. 執行過程（2 個月時間）的概述。
3. 對執行過程中，所產生缺失的分析說明
   (1) 總公司相關部門的缺失。
   (2) 加盟店部門的缺失。

二、○年第一波「全店行銷」所帶來的各層面正面效益分析

1. 對總業績、各分區業績、各店業績之效益說明。
2. 對客層擴張之效益說明。
3. 對商圈經營之效益說明。
4. 對競爭之效益說明。
5. 對公司總部經驗累積之效益說明。
6. 對今年加盟店數擴張成長目標達成之效益說明。
7. 對本公司品牌形象強化提升之效益說明。
8. 小結。

三、○年下半年第二波「全店行銷」待改善之地方

1. 肖像玩偶的評估選擇。
2. 話題創造與創意。
3. 故事與行銷活動的一連串關聯規劃加強。
4. 廣宣預算與媒體公關的再強化。
5. 加盟店主的配合度再強化。
6. 與更廣泛商品供應商推出更多促銷價格配合案的再強化。
7. 小結。

四、○年下半年第二波「全店行銷」的基本策略、方向及選擇之初步說明

五、結語與討論

六、恭請裁示

案例 8　某大型百貨公司年度「經營績效檢討」報告

一、去年度經營績效總檢討

1. 營收業績達成 800 億元，較前年增加 3%。
2. 獲利績效：去年達成○○億元，較前年減少 5%。
3. EPS 績效：去年達成 4 元，較前年減少 5%。

二、去年度全臺各分館經營績效總檢討

　　此區分館，中區分館及南區分館之各分館營收與損益績效列表分析及說明。

三、去年度營收業績成長趨緩原因檢討

1. 外部經營環境影響大
   (1) 景氣低迷，消費不振。
   (2) 同業新開店競爭加深。
   (3) 異業（日用品店、網路購物、電視購物及暢貨中心）競爭加深。
2. 內部因素影響分析。

四、去年度消費環境的變化趨勢分析

1. 每月舉辦促銷活動是提升業績必要手段。
2. 與名牌精品業者協商降價也是必要手段。
3. 忠誠顧客的消費，已成為支撐業績八成的重要來源，各行各業都在爭取及鞏固忠誠顧客的消費。

五、今年度面對的經營挑戰

1. 強力競爭對手○○百貨公司將在臺北天母開新店，此將對本公司的天母店業績造成分食不利狀況。
2. 低價網路購物日漸崛起，對本公司化妝保養品及居家用品的銷售產生不利影響。

3. 異業的不利影響也加劇，例如無印良品店、Plaza 店、國外各種品牌服飾連鎖店愈開愈多。

4. 全球經濟景氣依然低迷、失業率高、消費者保守，國內經濟成長率可能持續下滑。

六、今年度本公司的因應對策

1. 高雄左營店即將開幕，可挹注新營收來源。
2. 針對更多的忠誠客戶，設計各種促銷活動案。
3. 調整採購流程，統一由總公司採購，以降低成本。
4. 加強內控體質調整，展開 cost down 降低成本專案。
5. 要求國外各名牌精品供應商採取打折促銷活動，以提升總體業績。
6. 減少電視廣告費用，多利用報紙媒體公關報導，以降低廣宣費用。
7. 堅持服務品質，保持第一品牌百貨公司連鎖店之領導地位。
8. 導入顧客關係管理（CRM）系統，區別各種不同重要程度客層，展開差異化行銷對策。
9. 整合集團資源的跨業合作運用效益，推展專案活動。

七、今年度本公司的營運目標

1. 營收業績：挑戰 810 億元。
2. 營收成長率：較去年持續成長 5%。
3. 獲利額：挑戰○○億元，成長率○○ %。
4. EPS：挑戰 4.2 元，成長率 5%。

八、結語與裁示

案例 9　某量販連鎖店開「小型店」，3 個月後營運效益檢討報告書 ——

一、○○○便利購板橋第一店，開業 3 個月後營運效益檢討分析

1. 3 個月之營收額、來客數、客單價及店坪數統計分析。
2. 每月店損益表數據分析
   (1) 店營收額。
   (2) 店營業成本。
   (3) 店營業毛利。
   (4) 店營業費用。
   (5) 分攤總部費用。
   (6) 店損益（盈虧）。
3. 店各類產品佔營收額比例分析。
4. 本店商圈與消費特性分析。
5. 本店業績與附近商圈競爭同業比較分析。
6. 本店 3 個月的營收業績與原訂預算目標比較分析表。
7. 本店（小型店）與本公司大型店（量販店）之業績、店效、人效及損益比較分析表。
8. 來客意見表達及商圈消費者民調結果說明。

二、未來本公司開展小型店之營運策略建議

1. 店坪數建議。
2. 產品組合建議。
3. 價格策略建議。
4. 店商圈建議。
5. 店行銷宣傳建議。
6. 店人力配置建議。
7. 店促銷活動建議。
8. 店與商圈內競爭對手競爭策略。
9. 店營收及坪效建議。
10. 店租金建議。
11. 店績效獎金辦法建議。

三、結語與裁示

案例 10　某超商公司上半年獲利衰退 9% 與因應對策報告書

一、本公司今年上半年營收及獲利績效較去年衰退 9% 之數據分析

二、獲利衰退 9% 之原因分析

1. 市場消費鈍化，消費心態保守。
2. 上游供貨廠商在廣宣費用大幅縮水，影響店內商品銷售。
3. 廉價（低價）量販店、福利中心的快速崛起，衝擊本公司：(1) 量販店；(2) ○○社；(3) ○○社。
4. 各地虧損店數增加的影響。
5. 公仔、玩偶行銷熱潮消退，使行銷力道減弱。

三、便利商店同業狀況比較分析

1. 加速自有品牌的開發速度，提高毛利率。
2. 要求供貨廠商降價供應。
3. 要求供應廠商配合本公司總部規劃多做促銷活動。
4. 總部每月辦理一次大型的促銷活動案。
5. 降低總部的管銷費用，貫徹 cost down 政策之落實。
6. 持續展店，擴大全國總店數規模，帶動整體的持續成長。
7. 長期虧損且地點不佳的自營店及加盟店，要斷然執行關店政策，避免被虧損店拉下獲利水準與目標。
8. 持續提升全體店面的服務水準與熟客經營，以穩住社區老主顧。
9. 提高對商品結構變化及革新對策，引進在各環境時期下最佳商品組合及項目。

四、今年下半年原訂業績與獲利目標達成的可行性分析或調降預算目標

五、結語與裁示

案例 11　某平價連鎖超市「拓店」企劃案

一、現有店數概況分析

1. 北、中、南三區店數現況分析。
2. 三區據點數的競爭優劣勢。
3. 主要競爭同業及異業店數比較分析表。

二、拓店策略與店數目標

1. 拓店時機點
   (1) 景氣低迷、店面租金下跌、店面易租。
   (2) 趁不景氣時，可以快速攻佔市場，要逆勢崛起，當下投資展店。
2. 拓店策略
   (1) 以北部地區，尤其大臺北地區 600 萬人口消費力較強，為爭取拓店主力戰區。
   (2) 中南部二、三級城市也不能漏掉，要全面展店。
3. 店數目標
   每年拓店保持至少 50 家，3 年內淨增加 150 店為總目標。
4. 各縣市分配展店店數表。

三、未來 3 年營收額及損益預估列表

配合拓店數增加，預估 3 年後，本公司營收額將可達○○○億元，並可獲利○○億元。

四、拓店配套措施說明

1. 展店部門組織與人力強化說明。
2. 展店部門績效獎金辦法修正說明。
3. 展店政策與原則修正說明。
4. 展店所須資金投入估算列表。

五、面對不景氣，提高店坪數策略

1. 持續透過規模經濟採購及議價措施，降低進貨成本，並堅定採取低價策略與政策。

2. 加強媒體公關報導，提高本公司連鎖品牌知名度及品牌信賴度。

3. 加強全店行銷與促銷特賣活動，以吸引集客力。

4. 引進現烤麵包，店中店及日本百元商店的銅板雜貨店。

5. 加速規劃推出「會員卡」，以紅利積點折抵現金，提高顧客忠誠再購度。

6. 評估適當店數規模時（突破 300 店），開始推出形象電視廣告 CF，以全面打開知名度。

六、結語與裁示

案例 12　某大便利商店連鎖店未來 3 年「中期經營願景」計劃案 ─────

一、中期經營目標設定

當前受全球經濟不景氣影響之際，正是 24 小時便利商店擴大經營規模之佳機，未來 3 年本公司中期經營目標之主軸為：

1. 逆勢加碼投資 40 億元。
2. 新開店數 500 家，總店數達 2800 家。
3. 年營收額挑戰 500 億元。

二、經營大環境深度分析與評估

1. 當前總體財經環境與消費環境分析。
2. 本產業環境與市場環境趨勢分析。
3. 競爭對手現況與未來趨勢分析。
4. 國外（日本為主）相同產業及領導品牌現況與未來趨勢分析。
5. 國內跨業競爭變化趨勢分析。
6. 總結：國內發展環境的有利與不利因素綜合分析。

三、未來經營觀點與經營信念

利用不景氣時機，更是逆勢成長與培養競爭實力的最佳良機。

四、加速展店的基本策略與計劃說明

1. 不景氣時期，更多好店面釋出（求租求售），是大環境的有利時機點。
2. 未來 3 年展店目標：淨增加店數 500 家。
3. 預計投資額：40 億元。
4. 展店地區比例

　　新竹以北的店，佔約 65%。

　　新竹以南的店，佔約 35%。

　　仍以人口集中度較高及消費力較強的北部地區為主力拓店地區。

5. 店型改變

    (1) 依據各商圈特性，進行不同的銷售與商品規劃。

    (2) 便利商店未來走向，將朝「競爭型賣場」為爭戰導向。

6. 展店組織與人力擴編計劃表。

7. 各年度、各縣市具體展店目標數據列表控管考核。

8. 展店做法

    (1) 各地區展店招商說明會舉辦計劃說明。

    (2) 全國性電視媒體與報紙媒體廣告宣傳計劃說明。

    (3) 其他相關做法說明。

9. 展店加盟金、授權金及利潤回饋比例之調整，以增強展店誘因說明。

10. 對展店業務部門達成計劃目標之獎金鼓勵辦法內容說明。

五、預計 3 年後，國內四大便利商店連鎖店之總店數及市佔率排名列表預估

六、預估 3 年後，達 2800 家總店數時之年度損益表估算

1. 年營收額達○○○億元。

2. 年獲利達○○億元。

3. 年 EPS 達○○元。

七、結語與裁示

案例 13 某大型連鎖便利商店明年度「策略規劃」企劃報告案 ─────

一、去年度整體營運績效分析說明

1. 損益表：營收、營業成本、營業毛利、營業費用及營業淨利分析說明。
2. 淨成長加盟店數：新開店數、關門店數及淨增加店數分析說明。
3. 自有品牌產品成長分析及對獲利貢獻分析說明。
4. 整體市佔率分析說明。
5. 各項獲獎列表分析說明：(1) 政府行政單位頒獎；(2) 各種市調評比排名。
6. 北、中、南三區對營運績效的貢獻佔比分析說明。
7. 全店行銷活動績效分析說明。

二、去年度營收業績微幅負成長 0.14% 及淨增加店數 100 家原因分析說明

1. 營收業績：1021 億元，較前年負成長 0.14% 之原因。
2. 淨增加店數：100 家，與原訂目標 200 家之差異分析說明。

三、去年度與同業業績及績效比較分析

	統一超商	全家	萊爾富	OK
營收額				
營收額成長率				
淨增加店數				
店數成長率				
營業獲利				
獲利成長率				
市佔率				

四、今年度本公司（便利商店）面臨的外部問題

1. 全球及國內經濟不景氣帶來的消費緊縮與買氣停滯問題。

2. 政府新版反菸害防治法正式施行，對菸品銷售不利的問題。

3. 同業及異業的分食，爭奪日益競爭激烈。

五、今年度本公司面臨的有利環境

1. 經濟不景氣使閒置店面激增，租店更為容易。

2. 黃金店面及一般店面租金變低，使加盟主營運成本同步降低。

3. 本公司力推的自有品牌產品已日漸成長，對毛利率提升及獲利貢獻佔比提升均有助益。

六、今年度本公司策略規劃的重點說明

1. 通路策略：因應店面易租，啟動百店通路拓展計劃，預計今年仍將淨增加 100 店目標。

2. 自有品牌產品策略：持續深耕自有品牌策略，包括：City Cafe、思樂冰、關東煮、鮮食、茶飲料及 OPEN 小將等六大類重點產品的創新。

3. 行銷活動資源集中在強打自有品牌，以提高營收佔比及提高毛利率，拉高對獲利的貢獻。

4. 定價策略：請供應商配合各種行銷促銷活動，降低價格，以利吸引買氣。

七、今年度本公司營運目標揭示

1. 總門市店數：4800 家→ 4900 家。

2. 總營收額：成長 3%，達 1050 億元。

3. 總獲利額：成長 5%，達○○○億元。

4. EPS：保持在每股獲利○○元水準。

5. 店市佔率：從 52% → 54%。

6. 自有品牌產品銷售佔比：從○○ % →提升○○ %。

7. 平均毛利率：提高 2%（32% → 34%）。

八、結語與裁示

超商公司上海地區「10 年內開 1000 家店」經營企劃報告案 ──

一、本案緣起與背景

二、上海地區便利商店市場分析

1. 上海地區零售流通市場與規模產值分析。
2. 上海地區便利商店市場與規模實值分析。
3. 上海地區便利商店供需分析、店面分析及競爭分析。
4. 上海地區便利商店未來趨勢分析。

三、上海地區便利商店主力三大競爭對手分析

1. 第一大便利商店：○○○。
2. 第二大便利商店：○○○。
3. 第三大便利商店：○○○。

四、上海地區是否還有便利商店之發展空間與利基之分析

五、本公司 7-11 品牌在上海地區經營之 SWOT 分析

六、本公司 2008 年底開出上海第一家店之規劃

1. 地點、地區之規劃。
2. 產品組合之規劃。
3. 店面之規劃。
4. 宣傳之規劃。
5. 人員之規劃。
6. 資訊之規劃。
7. 價格之規劃。

七、上海地區中長期 10 年拓店目標 1000 店及 20% 市佔率之時程規劃

八、估計損益兩平時間

損益兩平時間：2011～2012 年（第三年至第四年之間）。

九、前五年（2009～2014 年）損益表概估

十、需要總公司支援部分

1. 人力資源請求部分。
2. 投資資金請求部分。
3. 採購請求部分。

十一、結語與裁示

案例 15 某超商「鮮食業績」上衝 150 億元營收企劃案 —————————

一、近 5 年鮮食業績成長狀況

1. 成長金額、成長比例、成長品項分析。
2. 佔全公司營收的比例分析。

二、歷年業績成長的主要原因分析

三、今後公司發展鮮食加速成長的基本政策與方向說明

四、提高鮮食業績之目標

1. 今年上衝 150 億元年營收目標。
2. 佔整體營收比例 15% 之目標。

五、提高鮮食業績之具體計劃

1. 鮮食產品線擴充品項計劃。
2. 面對原物料及食材上漲下，控制食材上漲及與供應商簽訂年度供應合約計劃。
3. 鮮食便當行銷宣傳加強計劃。
4. 鮮食便當價格合理計劃，以因應面對不景氣消費環境。

六、今年鮮食產品線各類產品的每月營收業績預估表

七、今年鮮食部總營收額與損益預估表

八、結語與裁示

案例 16　便利商店連鎖公司年度「企業社會責任報告書」大綱 —————

一、經營者的話

二、人群關係

1. 顧客。
2. 加盟主。
3. 股東。
4. 員工。
5. 廠商。

三、社會關係

1. 好鄰居文教基金會。
2. 公益活動。
3. 清掃學習會。
4. 樂活（LOHAS）活動。

四、環境關係

1. 節能政策。
2. 綠色採購、綠色基金、綠色會計。

五、經營表現

六、統一超商 CSR 大事記

第二節　餐館、飲料、食品業

案例 1 某咖啡連鎖店推出「外賣產品及餐飲」規劃案 ─────────

一、開發外賣產品的原因背景分析

　1. 競爭對手面向。

　2. 獲利改善面向。

　3. 消費者面向。

　4. 小結。

二、目前業者推展外賣產品及餐飲現狀比較分析

　1. 星巴克連鎖店現況。

　2. 路易莎連鎖店現況。

　3. 丹堤咖啡連鎖店現況。

　4. 小結。

三、本公司推出外賣產品及餐飲的行銷規劃

　1. 外賣產品及餐飲「項目」規劃。

　2. 外賣產品及餐飲「訂做」規劃。

　3. 外賣產品及餐飲「目標顧客群」規劃。

　4. 外賣產品及餐飲「自行生產及委外」規劃。

　5. 外賣產品及餐飲「品質控管」規劃。

　6. 外賣產品及餐飲「成本分析與利潤」分析。

　7. 外賣產品及餐飲第一年每月分營業額預估。

　8. 外賣產品及餐飲「廣宣」規劃。

　9. 外賣產品及餐飲「各店材料及成品物流配送」規劃。

　10. 小結。

四、總結論

案例 2　某咖啡連鎖店擬推出重度罐裝咖啡「新產品上市分析及規劃」報告

一、美國重度（500ppm）罐裝咖啡市場發展與消費者群分析借鏡參考

1. 美國重度咖啡發展現況及佔有率。
2. 美國重度咖啡消費群分析。
3. 美國重度咖啡行銷 4P 分析。
4. 小結。

二、本公司擬推出雙倍拿鐵重度罐裝咖啡可行性分析

1. 市場趨勢分析。
2. 消費群分析。
3. 原料來源廠商及代工廠商分析（拉瑞亞公司）。
4. 預估重口味群的佔有率（3%～4%）分析。
5. 市場產值規模潛力預估。
6. 售價分析。
7. 成本分析。
8. 損益分析。
9. 對產品線擴充策略意義分析。
10. 通路商意見分析。
11. 推出時間點評估。
12. 綜合評估。

三、結論

四、討論

五、裁示

案例 3　統一星巴克行銷個案研究報告大綱

一、前言

1. 臺灣咖啡店的歷史。
2. 咖啡的消費現象。
3. 星巴克的影響力。

二、星巴克的概況

1. 星巴克品牌緣起。
2. 美國星巴克概況
   (1) 緣起與擴張。
   (2) 全球化布局。
   (3) 營收獲利與全球排名狀況。
3. 臺灣星巴克概況：統一星巴克
   (1) 統一星巴克的沿革。
   (2) 全臺展店狀況。
   (3) 公司營業與基本資料。
   (4) 營收獲利與企業排名狀況。

三、產業結構分析

咖啡連鎖業之五力分析。

四、市場與環境分析

1. 咖啡的市場量。
2. 咖啡與咖啡店的分析。

五、競爭者分析

1. 七大競爭者分析。
2. 臺灣連鎖咖啡店家數表。

六、消費者分析

1. 臺灣連鎖咖啡市場主要的消費族群。
2. 星巴克的臺灣消費族群分析。

七、統一星巴克 SWOT 分析

1. 優勢（Strengths）。
2. 劣勢（Weaknesses）。
3. 機會（Opportunities）。
4. 威脅（Threats）。

八、品牌定位

1. 星巴克呈現的品牌意義。
2. 星巴克的使命宣言。
3. 統一星巴克的「5C」。

九、行銷策略分析

1. 產品（Product）。
2. 廣告與促銷（Promotion）。
3. 通路（Place）。
4. 價格（Price）。
5. 現場環境（Physical Environment）。
6. 公關（Public Relations）。
7. 人員銷售（Professional Sales）。

8. 作業流程（Process）。

9. 總體服務（Service）。

10. 顧客關係管理（CRM）。

十、探討星巴克的消費現象

十一、結論與建議

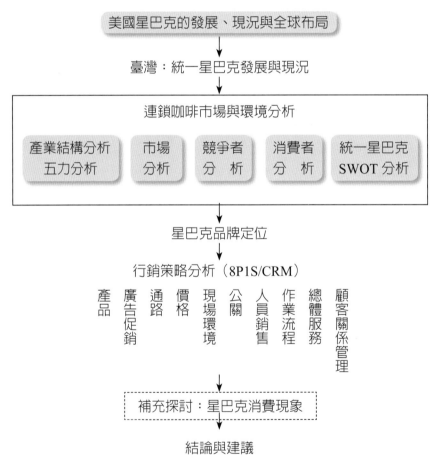

資料來源：本研究整理

 研究架構圖

案例 4　某食品飲料公司展開「組織架構再造」計劃

一、現在組織架構的分析

1. 現況架構。
2. 缺失分析。
3. 改造方向。

二、改造組織架構內容說明

1. 建立兩大事業群、七大部及 4 家子公司。
2. 第一大事業群（食品事業群）
   (1) 乳飲事業部。
   (2) 方便食品事業部。
   (3) 生技營養事業部。
   (4) 鮮食事業部。
   (5) 方便麵事業部。
   (6) 食品供應事業部。
3. 第二大事業群（流通事業群）
   (1) 康國物流。
   (2) 中青公司。
   (4) 埔心牧場。

三、改造後組織運作原則說明

1. 獨立事業部（BU，Business Unit）利潤中心制度、運作原則。
2. 資源配合與整合運作原則。
3. 溝通協調運作原則。
4. 內部計價運作原則。
5. 人員調動／調整運作原則。
6. 年度營運計劃與組織運作原則。

7. 事業發展策略規劃原則。

四、改造後組織效益評估

五、執行起始日期

六、結語與恭請核示

案例 5 某食品飲料廠商對「綠茶市場」競爭檢討分析報告 —————

一、今年茶飲料市場總規模

160 億元，其中強調健康綠茶佔 50 億元。

二、市場上綠茶飲料五大品牌市佔率及年度銷售額預估

廠牌	統一	維他露	黑松	愛之味	悅氏
品牌	茶裏王	御茶園	就是茶	油切綠茶	油切綠茶
市佔率	13%	7%	5%	5%	5%
年銷售目標	20 億元	12 億元	8 億元	8 億元	8 億元

三、五大品牌的行銷策略比較分析

1. 茶裏王行銷 4P 策略分析。
2. 御茶園行銷 4P 策略分析。
3. 就是茶行銷 4P 策略分析。
4. 油切綠茶行銷 4P 策略分析。
5. 悅氏綠茶行銷 4P 策略分析。
6. 小結。

四、五大品牌廣告投入量比較分析

1. 金額比較。
2. 呈現手法比較。
3. 效益比較。

五、五大品牌設備投資擴產動態分析

六、日本綠茶產銷趨勢情報借鏡分析

七、國內消費者需求與消費市場趨勢預測

八、本公司穩固前五大品牌的做法

1. 經營策略方向。
2. 行銷 4P 策略方向。
3. 業務組織方向。

九、結論

案例 6 某飲料公司分析茶飲料「未來 3 年發展策略」報告 ——————

一、180 億元茶飲料市場現況分析

1. 近 5 年茶飲料市場銷售成長趨勢分析。
2. 近 5 年各式茶飲料（綠茶、烏龍茶、高山茶、紅茶、奶茶等）銷售成長趨勢分析。
3. 今年及去年前十大茶飲料品牌市佔率及營收業績比較分析。
4. 小結。

二、前三大茶飲料大廠競爭力及競爭優勢綜合比較分析

三、茶飲料消費市場未來趨勢及方向預測分析

1. 消費者。
2. 茶葉供應商。
3. 競爭品牌對手。
4. 小結。

四、本公司過去 3 年發展茶飲料的成果分析

1. 本公司近 3 年各品牌茶飲料業績成長狀況。
2. 本公司茶飲料品牌市佔率成長狀況。
3. 本公司茶飲料品牌於整體營收額及獲利額整體佔比逐年提升的狀況。
4. 茶飲料對本公司整體氣勢、形象及業務帶來綜效之助益狀況。

五、本公司未來 3 年發展茶飲料的基本策略說明

1. 本公司定位在飲料專業廠，此為本公司核心競爭力。
2. 茶飲料系列產品是本公司未來 3 年持續成長的第二條生命線。
3. 本公司最強品牌「○○○」將會朝多品牌發展。
4. 健康、精緻、高附加價值及機能性，將是本公司發展茶飲料的核心訴求重點。

5. 持續加強對全臺具特色茶園長期契作、茶園管理、茶葉檢驗等，品質控管機制之落實。

6. 持續手取冠軍茶來源的掌握及簽約。

7. 朝發展「高價茶」定價策略及商品策略之推進。

8. 針對不同年齡族群，發展區隔化茶飲料，以持續擴張成長。

9. 與日本茶飲料第一品牌大廠，展開各項策略聯盟合作方案。

10. 塑造茶飲料領導品牌及企業形象之具體做法。

11. 持續投入行銷廣告預算，累積品牌資產。

六、總結論

七、討論與裁示

案例 7　某速食連鎖店「擴店計劃」案 ————————————

一、目前店數及經營績效分析

1. 今年店數達 66 家。
2. 總體損益分析。
3. 各店／各地區個別損益分析。
4. 明年轉虧為盈的關鍵因素分析：(1) 店數規模化目標；(2) 採購成本下降目標；(3) 來客數、客單價增加目標；(4) 各店利潤中心責任制導入；(5) 其他各單位配合因素。

二、明年行銷策略作為與計劃

1. 預計擴店目標：達 100 家店。
2. 店址選擇：捷運站旁、購物中心、百貨公司、商圈、量販店等人潮聚集地區。
3. 擴店專案組織小組與人力配置規劃。
4. 擴店資金需求預估。
5. 擴店每月數量時程預計表。
6. 相關部門全力配合事項。

三、擴店 100 店後之營運績效預算

1. 未來 3 年損益表預估（含營收額、獲利額及 EPS）。
2. 上市申請計劃說明。

四、結論

五、恭請核示

案例 8 某「養生早餐店」企劃案

一、市場分析

1. 產業分析。
2. 消費者習性分析。
3. 產業未來展望與發展趨勢。
4. 五力分析。
5. 商圈分析。

二、店鋪資料

1. 創業動機。
2. 店鋪品牌。
3. 組織架構。

三、經營概念分析

1. 經營特點。
2. 財務規劃。
3. SWOT 分析。
4. 成功機會。

四、店鋪規劃

1. 店鋪位置。
2. 開店工作分配。
3. 店鋪平面圖。
4. 設備清單。
5. 品項與材料。

五、經營模式

1. 採購策略。
2. 定價策略。
3. 銷售策略。

六、預期收益

1. 銷售預測。
2. 財務報表（損益表）。

案例 9 某麵包連鎖店「市場定位重新調整」營運企劃案

一、經營現況總檢討

1. 近 5 年營收額及虧損額總檢討。
2. 近 5 年市場定位總檢討。
3. 近 5 年產品、通路、推廣、定價 4P 策略總檢討。
4. 市場趨勢洞察力及評估。
5. 小結：放棄原先定位的歐式麵包風格，迎合市場需求，麵包種類多元化，重新定位為自然健康的樂活（LOHAS）路線。

二、營運改革策略

1. 定位改革（Position Change）。
2. 全新商品結構改革說明。
3. 直營門市通路改革說明
   (1) 不賺錢 / 不合格直營門市將關店。
   (2) 今年底總店數為 30 家店，明年 40 家店，後年邁向 50 家店為目標。
4. 降低報廢產品數量與金額的損失
   在商品結構上，找出消費者喜歡的 A 級品，刪減 C 級品項目。
5. 企業識別系統（CIS）改革說明。
6. 定價策略計劃
   朝中高價位發展，提供精緻、多元、自然、健康好吃的麵包及糕點。
7. 品牌形塑改革計劃
   (1) 媒體專訪。
   (2) 媒體公關。
   (3) 重點節慶廣告宣傳。
   (4) 新商品廣告宣傳。
8. 預購業務改革計劃。
9. 現場店面改裝計劃。
10. 現場服務人員服務品質提升改革計劃。

11. 麵包及糕點製作技術、製作設備及產品研發改革計劃。

三、損益預估

1. 今年營收目標將達 4.2 億元，小幅獲利○○○○萬元，為首度轉虧為盈第一年。
2. 未來 3 年中期計劃的損益表預估（略）。

四、配合定位重新調整經營策略與行銷策略，公司各部門應配合支援事項說明及相關時程表說明

五、結論與討論

案例 10 某食品公司推出某品牌檢討「非油炸麵上市受挫」報告 ————

一、○○品牌上市 3 個月銷售數據檢討分析

1. 袋裝麵與桶裝麵前 3 個月銷售實績（包括：銷售箱數、銷售袋數及銷售出貨金額）列表狀況。
2. 前 3 個月銷售實績與預計銷售目標數差異比較分析列表。
3. 前 3 個月各種通路別銷售實績與佔比分析列表。
4. 前 3 個月北、中、南、東四地區銷售實績與佔比分析列表。
5. 小結。

二、銷售實績未達預計目標數之原因分析

1. 便利商店通路商意見。
2. 量販店通路商意見。
3. 超市通路商意見。
4. 北、中、南各地區經銷商意見。
5. 委外市調公司焦點團體座談會意見反應。
6. 總結原因
   (1) 麵條問題。
   (2) 配料問題。
   (3) 湯頭問題。
   (4) 非油炸問題。
   (5) 定價問題。
   (6) 包裝問題。
   (7) 口味問題。
   (8) 廣告宣傳問題。
   (9) 品牌問題。
   (10) 促銷活動問題。
   (11) 通路賣場問題。
   (12) 其他相關問題。

三、前 3 個月已投入廣宣預算支用金額與效益分析報告

1. 各媒體投入金額。
2. 廣宣效益分析。

四、未來應立即改善的七大對策說明

1. 商品改善對策說明。
2. 廣宣改善對策說明。
3. 生產製造改善對策說明。
4. 通路改善對策說明。
5. 價格改善對策說明。
6. 採購改善對策說明。
7. 促銷活動改善對策說明。
   上述各項改善時程表及各負責單位與主辦主管。

五、預計未來 1 年的銷售業績修正預算概估

1. 總銷售量／銷售額。
2. 各通路別。
3. 各地區別。
4. 袋裝／桶裝麵別。

六、結語

　　定下爲期半年的復活目標任務使命，若仍未能達成新品上市基本業績目標，則將終止此品牌商品。

案例 11 某飲料公司規劃「冷藏咖啡」新產品行銷策略報告 ────

一、國內即飲咖啡市場現況分析及其成長商機分析

1. 市場銷售總規模：今年約 63 億元。
2. 近 5 年來的成長百分比狀況。
3. 常溫咖啡與冷藏咖啡佔比的消長變化。
4. 小結：冷藏咖啡是市場成長主要力道。

二、目前主要冷藏咖啡飲料競爭者概況分析

1. 前二大品牌市佔率為 52%，包括味全貝納頌（37%）及統一左岸咖啡（25%）。
2. 其他品牌市佔率列表說明。
3. 味全貝納頌及統一左岸咖啡之競爭優勢及行銷競爭特色比較分析說明。
4. 冷藏咖啡前五大品牌之定位、目標市場及定價策略比較分析。
5. 小結。

三、本公司將推出冷藏咖啡之行銷策略規劃方向說明

1. 切入「利基點」方向與空間分析說明。
2. 新品牌之「S-T-P」架構說明分析（Segment 區隔市場、Target 目標消費群，以及 Position 產品或品牌定位）。
3. 本產品咖啡口味、咖啡內涵及咖啡玻璃瓶包裝之特色分析說明。
4. 本產品品牌名稱、logo 及包裝瓶設計之分析說明。
5. 本產品初期定價策略及價格分析說明。
6. 本品牌廣宣訴求重點所在分析說明。
7. 本產品與其他前五大咖啡品牌的差異點列表比較分析。
8. 本品牌將打造為全公司年銷售額○○億元以上大品牌，預計上市第一年，將耗資○○○○○萬元整合行銷傳播預算之分析說明。
9. 本產品生產工廠分析說明。
10. 小結。

四、結論與討論

五、恭請裁示

案例 12　某咖啡連鎖店推出外帶夏日生日蛋糕後「營業檢討報告」————

一、推出外帶生日蛋糕 2 個月後，營業狀況總檢討

1. 首賣 2 個月，引起全臺熱賣，獲得熱烈回響（每月銷售突破六千個）。
2. 首 2 個月全國及北、中、南部地區銷售量及銷售業績比較列表。
3. 各種口味蛋糕銷售排名列表。
4. 各種單價蛋糕銷售排名列表。
5. 購買客層輪廓大致分析說明。
6. 小結。

二、上個月投入廣宣預算支出金額明細說明分析，以及未來 3 個月持續預計投入的行銷預算列表說明

三、結論與討論

四、恭請裁示

案例 13 某飲料公司茶飲料挑戰「年營收 100 億元」營運企劃案 ─────

一、去年營收額首度突破 90 億元

1. 去年三大品牌及其他小品牌營收額列表說明。
2. 全國北、中、南區營收額分布列表說明。
3. 三大茶飲料品牌達成業績分析
   (1) ○○○
   (2) □□□
   (3) △△△
4. 小結。

二、今年營收額挑戰 100 億元目標之行銷策略主軸

1. 釐清旗下三大主力品牌（Mega Brand）之定位、訴求及目標客層列表區隔策略。
2. 全面導入「全包材」品項策略
   (1) ○○○系列
      ①過去以「鋁箔包」之包裝為主力。
      ②今年將導入「新鮮層」及「保特瓶」之包裝。
   (2) □□□
      ①過去以「保特瓶」及「新鮮屋」包裝為主力。
      ②今年將導入「鋁箔包」之包裝。
   (3) △△△
      上述三種包材均補齊導入。
   (4) 小結
      預估在新包材加入下，使整體業績將有 10% 成長。
3. 發展升級版茶飲料，並提高售價策略
   (1) 選定具有特色及比賽冠軍的紅茶、綠茶、烏龍茶及高山茶等，朝發展升級
      版的○○○、□□□及△△△之茶飲料。
   (2) 逐步提高部分售價，以攻入高價茶飲料之新市場空間。
4. 預定今年度內，再隆重推出一個茶飲料新品牌，傾全力打響第四個主力茶飲料

品牌（另案規劃上呈）。

5. 持續加碼投入行銷預算，以鞏固市場第一品牌地位

(1) 視營收額之成長，相對加碼投入廣宣、促銷及公關事件活動，不斷累積品牌及品牌忠誠。

(2) 堅定三大茶飲料品牌的品牌定位、品牌精神及品牌個性。

6. 業務部及各區經銷商人員加強督導店頭行銷及賣場布置。

7. 對關係企業之賣場及超商，持續加強資源整合及互利行銷與合作促銷之舉辦。

三、達成 100 億元挑戰目標之獎金發放

1. 飲料事業群全體員工之獎金發放辦法（另案上呈）。

2. 經銷商之獎金發放辦法（另案上呈）。

四、請求各相關部門支援事項

1. 研究所支援事項。

2. 生產部門支援事項。

3. 流通部門支援事項。

4. 廣告發稿部門支援事項。

5. 財會部門支援事項。

6. 採購部門支援事項。

7. 其他部門支援事項。

五、結語與恭請裁示

案例 14　某食品飲料公司對中國市場「上半年拓展業務績效」總檢討

一、今年上半年中國營收與獲利績效總檢討

1. 今年上半年中國總營收為 276 億元，獲利 8 億元。
2. 與去年同期相較，營收成長 42%，獲利成長 35%。
3. 與今年預算相比較，營收達成率 90%，獲利達成率 70%。
4. 小結。

二、各事業群中國事業績效總檢討

1. 乳品飲料事業群業績檢討。
2. 速食麵事業群業績檢討。
3. 食糧事業群業績檢討。
4. 流通事業群業績檢討。

三、乳品飲料事業群下半年業績精進計劃

1. 品牌定位策略與產品開發配合策略及精進計劃。
2. 通路策略與銷售組織策略。
3. 價格策略與精進計劃。
4. 廣宣策略與精進計劃。
5. 市場區隔策略與精進計劃。

四、速食麵事業群下半年業績精進計劃

五、食糧事業群下半年業績精進計劃

六、流通事業群下半年業績精進計劃

七、總體經營與行銷改革策略及方針

1. 必須在 2 個月內，建立品牌白皮書，建立○○公司在中國市場拓展業務之品牌地圖架構，以精準掌握產品市場及明確的產品定位與 4P 行銷策略操作手冊。
2. 必須深度精耕中國銷售通路的深度及廣度，以及直營與經銷體系分工機制。
3. 必須整合○○廠與併購得來的中國廠之既有優勢資源及分工機制。

八、全年度營收與獲利目標修正

全年度營收目標（預算目標）：
1. 各事業群營收及獲利目標。
2. 各地區別（華北／華中／華南／東北）營收及獲利目標。
3. 全公司（○○中國公司）營收及獲利目標。

九、組織、人力與賞罰機制改革說明

1. 中國事業組織與人力改革計劃說明。
2. 中國事業賞罰機制改革計劃說明。

十、今年底或明年上半年預計在香港申請上市之財務規劃進度報告

1. 香港上市的戰略意義。
2. 目前進度狀況。
3. 需要臺南總公司及中國○○總公司之支援協助事項。

十一、結語

十二、恭請裁示

案例 15 某飲料公司「新優酪乳產品上市」行銷計劃案

一、媒體廣告準備事項報告

1. 第一波強攻期的媒體預算、媒體配置、媒體策略、廣告 CF、報紙廣編特輯及網路行銷等之規劃進度說明。
2. 第二波持續期之規劃進度說明。

二、公關活動準備事項報告

1. 新品上市規劃進度。
2. 發稿方案準備。

三、大賣場行銷活動準備事項報告

1. 試喝規劃進度。
2. 物流鋪貨規劃進度。
3. 架位規劃進度。

四、促銷活動準備事項報告

1. 大型抽獎活動規劃進度。
2. 包裝促銷活動規劃進度。

五、生產工廠製造配合準備事項報告

1. 前 3 個月預計生產數量。
2. 彈性機動生產數量。

六、全省各縣市經銷商通路準備事項報告

1. 進貨／訂貨數量概估。
2. 產品說明及宣傳文案資料提供準備。

3. 進貨價格的安排規劃。

七、上市後 4 週內（1 個月內）立即舉行上市銷售業績及相關行銷活動總
　　檢討會議召開，準備各種行銷策略的彈性調整及改善計劃推出

八、結語與討論

九、恭請核示

案例 16　某壽司連鎖店面對「低迷市場景氣」營運策略報告案 —————

一、低迷市場景氣衝擊本公司之數據分析說明

1. 今年上半年業績與去年同期比較分析。
2. 小幅衰退，影響不算太大，但下半年需警惕。

二、因應下半年景氣持續低迷下之行銷策略的重點說明

1.「加值不加價」策略：例如每盤二個壽司，改為每盤三個壽司。
2.「吃得健康」策略：消費者花較少的錢就可吃飽，且吃得更健康。

三、損益試算分析

1.「加值不加價」策略將增加○○○萬元材料成本支出。
2. 若成功吸引○○○○○人次回籠消費，則可以增加○○○萬毛利額。
3. 兩相抵銷後，仍能維持去年度總獲利額目標。
4. 此方案值得試行。

四、其他營運策略配合說明

1. 持續擴大展店，目前直營店數已達 100 家。擴大營運規模數量，才能支持上述「加值不加價」策略方案。
2. 持續推進降低成本專案計劃
   (1) 嚴格控制展店房租成本（超過單月營收的一成為原則）。
   (2) 持續壓低壽司食材進貨成本，包括國內及國外食材採購成本。
3. 會員優惠券（會員護照）加速擴大發放及使用。
4. 持續推動提升品牌忠誠度計劃。
5. 餐飲多元化及普及化的推進策略
   (1) ○○迴轉壽司。
   (2) 壽司外帶店。
   (3) 手工拉麵店。

(4) 麵包坊。

(5) 中式餐飲。

(6) 引進日本連鎖品牌。

五、預估今年度店數、營收額及獲利額狀況，以及與去年度的比較分析

六、結論與討論

七、恭請核示

案例 17　某咖啡連鎖店「大舉展店」營運企劃報告案

一、展店總目標：5 年內，總店數達 500 家，營收額也要倍數成長

二、經營大環境變化分析

1. 加盟咖啡連鎖店的競爭變化。
2. 便利商店及其他業種販售咖啡的競爭變化。
3. 店面及店租未來競爭變化的分析。
4. 市佔率趨勢變化的影響因素分析。
5. 消費者消費行為趨勢的變化分析。
6. 集團總部的發展及發展性之要求。
7. 小結：展開更靈活的展店策略，以面對大環境的改變，啟動「500 大展店計劃」。

三、展店策略與計劃大概說明

1. 店面坪數（店型）的多元化展店策略（三種店型）計劃
   (1) 目前的百坪中型店。
   (2) 小型店（辦公大樓內的小型咖啡吧）。
   (3) 大型店（500～1000 坪，附設停車場，提供全方位服務的景觀餐廳）。
2. 加快風景區展店計劃，目前已有 12 家，配合集團強大配送能力，將可解決偏遠風景區配送問題。
3. 未來 5 年店數目標進展
   (1) 今年底：190 家。
   (2) 2022 年：240 家。
   (3) 2023 年：280 家。
   (4) 2024 年：320 家。
   (5) 2025 年：500 家。
4. 營收額目標
   (1) 今年達 32 億元。
   (2) 2025 年達 65 億元。

5. 人力分配計劃

(1) 至少 100 位店長及 20 位區經理的人力需求，並有助內部人力晉升。

(2) 目前員工 2000 人，5 年後達 4000 人。

6. 500 店全省各地區分配店數及佔比

(1) 北部：○○店，佔○○ %。

(2) 中部：○○店，佔○○ %。

(3) 南部：○○店，佔○○ %。

(4) 東部：○○店，佔○○ %。

7. 展店所需裝潢資金預估：○○○○○萬元。

8. 展店專賣小組組織架構分工職掌及人員配置說明。

9. 展店進程表及重點工作事項說明。

10. 展店的店面租金洽談政策及原則，彈性對策說明。

11. 小結。

四、為求獲利成長，本公司嘗試走向多角化經營

1. 販賣與本品牌形象連結的商品，例如音樂 CD、書籍等。

2. 外帶飲食商品及季節節慶產品。

五、500 展店計劃，需請公司各部門協力事項說明

六、500 展店計劃，需請次流通集團相關公司協力事項說明

七、500 展店計劃，預估 5 年期的各年度損益表概估（2021～2025 年）及工作底稿說明

八、結語：500 展店計劃的戰略性意義說明

九、結語

十、恭請裁示

案例 18　某泡麵公司檢討年度發展「營運策略方針」報告書 ──────

一、泡麵市場總規模逐年下滑之分析：10 年內從 100 億元降到 75 億元

1. 分析市場銷售下滑數據。
2. 市場縮小的原因分析
   (1) 健康意識崛起。
   (2) 鮮食（便利商店）的普及化。
   (3) 冷凍食品漸漸復活。
   (4) 新生人口數逐年下降。
   (5) 小結。

二、近 3 年來五大泡麵品牌大廠的市佔率及經營策略分析

1. 本公司。
2. 維力麵。
3. 味全（康師傅）。
4. 味王麵。
5. 味丹麵。
6. 小結。

三、本公司（本品牌）現況面對的問題點分析

1. 品牌漸趨老化。
2. 維持 50% 的歷年高市佔率。
3. 泡麵獲利水準下降。
4. 整個泡麵市場之需要及銷售規模的下滑趨勢。
5. 新產品／新市場開發力度與創新仍有不足。
6. 小結。

四、本公司高營收額泡麵主要品牌現況分析

1. □□□
2. △△△
3. ×××

五、未來 3 年泡麵品牌事業的大經營及行銷策略方針

1. 制定務實且具戰鬥力的「品牌白皮書」（各單一品牌均須明確制定）。
2. 加速啟動品牌年輕化計劃及追蹤考核。
3. 有效設計規劃搶攻高價泡麵市場，有效擴大市場。
4. 設計規劃以健康、有機、天然，以及抗老的輕食泡麵商品，以擴大女性市場規模。
5. 全面翻新及創新產品口味，帶動每年新產品及新品項上市成功。
6. 加強促銷活動（含公仔贈品、抽籤設計、街舞活動及專案行銷活動，以吸引買氣）。
7. 小結。

六、結論與討論

七、恭請裁示

案例 19 某進口橄欖油公司「年度業務檢討」報告書

一、去年度業績總檢討

1. 去年度營收業績與前年度比較，成長○○％。
2. 近 5 年來營收業績成長趨勢圖。
3. 去年度各通路別營收業績及佔比分析
   (1) 百貨公司附屬超市。
   (2) 量販店。
   (3) 連鎖超市。
   (4) 地區超市。
   (5) 食品加工廠客戶。
4. 去年度業績成長的原因分析
   (1) 產品線增加因素。
   (2) 通路據點增加因素。
   (3) 品牌忠誠度逐漸形成。
   (4) 品牌口碑佳，顧客滿意度高。
   (5) 健康意識已進入消費者心中。
   (6) 北部地區銷售成長高於中南部地區。

二、本公司橄欖油品牌與其他同業競爭品牌之比較分析

1. 前五大知名橄欖油品牌及市佔率比較分析。
2. 本公司的競爭優勢及可再加強點。
3. 主力競爭對手的作為分析及威脅分析。

三、國內橄欖油市場的前景與成長性

1. 近 5 年橄欖油市場的銷售規模
   (1) 國內本土品牌：○○億元；佔○○％。
   (2) 國外進口品牌：○○億元；佔○○％。

2. 未來橄欖油市場成長的空間及原因分析
  (1) 預計向上成長空間：○○億元。
  (2) 成長的原因說明。

四、未來（今年度）本公司橄欖油業務成長計劃

1. 通路據點持續擴大鋪貨。
2. 與大型通路零售商舉辦促銷活動週。
3. 持續多品牌橄欖油策略，擴大產品線。
4. 加強媒體公關報導，以提升本公司及代理品牌的知名度及形象度。
5. 塑造進口橄欖油第一品牌的領導氣勢。
6. 堅持國外原廠品質、高附加價值的定位精神。
7. 因應全球景氣低迷，預防國內本土橄欖油及若干進口品牌之低價搶客戶競爭，可向國外原廠爭取報價降價，然後反應在國內市場的調降售價，以加強價格競爭力。
8. 評估在達到規模經濟銷售量後，從盈餘中提撥一定比例，作為未來投入電視廣告，以打造品牌知名度之用。

五、結語與裁示

案例 20 某餐飲連鎖店加盟總部面對市場景氣差之「因應對策」報告 ──

一、近期加盟店業績下滑狀況

1. 全國平均每店業績下滑狀況。
2. 北、中、南、東四區業績下滑狀況。
3. 業績下滑的主要原因分析。

二、加盟店業績下滑對本公司（加盟總部）帶來的不利影響分析

1. 解約退店（關店）數量較過去月平均數顯著增加。
2. 要求每月加盟金下降。
3. 預估關店增加，對本公司年度營收及獲利帶來減少的影響評估說明。

三、同業關店及業績下滑狀況的比較分析

1. A 品牌同業狀況說明。
2. B 品牌同業狀況說明。

四、本公司的因應對策

1. 下修今年擴店店數目標
   從淨增加 50 店，縮減為淨增加 25 店。其中，預估新開店 50 家、關店 25 家，故淨增加 25 店，放緩擴店腳步。
2. 業務部加強動員既有加盟店的輔導支援措施，避免關店數持續擴增，先穩住既有店的經營體質，能夠持續開店經營。
3. 商品開發部加速研發新口味及新特色的餐飲產品，以增強加盟店商品組合力，以利銷售。
4. 行銷企劃部加速推動大型促銷活動及全店行銷活動，以帶動來店消費買氣。
5. 特別提撥 3000 萬元電視廣告預算，希望在不景氣時，逆勢而為，提振品牌知名度及使用度，累積品牌資產。

6. 教育訓練部加速對加盟店長及人員的充分培訓作業，以加強加盟店的經營體質、區域行銷能力，以及顧客滿意度。

7. 緊急成立「反擊市場不景氣作戰小組」的專案分工組織，直到不景氣結束時。

五、本公司因不景氣而下修調整年度損益表預算說明

六、結語與裁示

案例 21　某國產漢堡連鎖店「進軍中國市場」策略規劃報告 —————

一、首選進軍中國地區市場：廈門市

　　本公司進軍中國據點，將選定廈門市，主要原因分析如下：

1. 廈門人的生活習慣及米漢堡飲食與臺灣、金門十分接近。
2. 在廈門人接受本公司產品後，透過品牌知名度建立，本公司將會繼續在華南各省市拓點外，也將向華東上海地區進軍。

二、新公司投資架構

1. 新公司名稱：○○○漢堡廈門公司。
2. 資本額：暫定○○千萬元。
3. 持股比例：本集團 70%，日本○○公司持股 30%。
4. 投資架構：經本公司在香港○○公司再轉投資到廈門公司。
5. 預定完成日期：今年○○月，完成申設公司及資金到位。

三、3 年內經營目標

　　將複製臺灣地區既有 150 家連鎖店的經營模式，在廈門地區 3 年內，將達成下列目標：

1. 直營店展店目標：廈門市 30 家，華南地區 150 家。
2. 營收額目標：至少 30 億元以上，超越臺灣地區營收額。

四、人力資源準備

1. 初期將派遣一個 10 人臺灣員工小組赴廈門市籌備，包括總經理 1 人及財會人員、展店業務人員、店長、採購人員等小組成員。
2. 其他店內員工將以在當地聘用為主。
3. 廈門當地員工將一律要求返回臺灣接受國內的教育訓練及見習，為期一週。

五、本公司拓展中國市場的專案小組組織表及人員分工配置表

六、進軍廈門市場的工作時程進度表

七、預計今年○○月正式在廈門成立 2 家直營店：東渡碼頭店及廈門大學
店

八、廈門米漢堡市場規模產值與現況分析

九、本公司在廈門市場贏的競爭優勢分析

1. 本公司在臺灣本土品牌位居第一位，若加計麥當勞外商品牌在內，亦居第二知
名品牌。
2. 本公司米漢堡產品口味及品質水準，經試吃調查比較，顯示本公司產品完全不
輸廈門現有競爭同業。
3. 本公司在臺灣地區有 150 多家連鎖店，其操作營運 know-how 已完全成熟，可
迅速複製到中國市場，馬上可以著手營運無礙。
4. 在政經局勢方面，兩岸已大三通，雙方經貿及旅遊往來更加緊密，時機正好。
5. 本公司為集團化經營，具有正規集團軍作戰與良好的企業形象，並非中小企業
式的臺商。
6. 米漢堡食材均從臺灣地區運送支援，具有品質保證的優勢。

十、結語與裁示

案例 22 連鎖餐飲集團「營運發展策略暨目標」企劃案 ————————

一、去年度營運績效狀況

1. 營收業績：達 47 億元，較前年仍成長 9.4% 的佳績。
2. 獲利績效：達○○億元，較前年仍成長 5.4% 的佳績。
3. 總店數：目前計十個品牌，臺灣及中國計有 96 家直營店，較前年成長 10%。

二、今年度營運發展目標

1. 營收業績：挑戰 58 億元，較去年成長 23%。
2. 獲利績效：達○○億元，較去年仍成長 10%。
3. 總店數：兩岸將新開店 25 家，臺灣地區 15 家，中國地區 10 家。

三、營運策略

1. 堅持五不政策的經營理念：不做股票、不搞政治、不官商勾結、不做業外投資及不借錢。
2. 持續專注餐飲本業經營原則。
3. 持續提高服務品質，服務強化永無止境。
4. 穩固餐飲業第一品牌企業形象。
5. 臺灣拓店：朝宜蘭、苗栗、雲林及嘉義等二級城市延伸。
6. 強化會員經營，穩固忠誠且優良會員顧客的支持。
7. 不景氣時要加強各項成本控管，包括食材採購成本及總公司幕僚成本下降。
8. 持續加強各店員工的教育訓練，不斷提升第一線員工的人力素質與服務品質。

四、臺灣地區拓店預計時程表說明

五、各品牌別（計十個品牌）事業部今年度營運操作的重點工作說明

六、結語與裁示

案例 23　國內最大米品牌「年度營運計劃」報告書

一、去年度經營績效分析

1. 市場地位
○○米已躍居國內最大米商，年產 10 萬噸，市佔率 10%。在 5 公斤以下小包裝米，市佔率更高達 30%。
2. 營收及獲利績效
去年營收額達 30 億元，較前年成長 10%，獲利額達 3.6 億元，較前年成長8%，平均純益率達 12%。

二、今年度擴大投資生產及儲存設備計劃

1. 投資 1 億元：建立 1.2 萬噸低溫儲米冷藏庫，使全部容量提高到 7.2 萬噸。
2. 投資 1 億元：增加 600 噸乾燥設備，使總產能達到 2000 噸。
3. 投資 1 億元：增加一條碾米生產線，使每小時碾米產能提高 10 噸，每小時總產能達到 80 噸。
4. 預計完工日期：今年 7 月分完工。

三、今年度加速跨足有機米市場策略

1. 契作 10 公頃有機米。
2. 推出鴨田米。
3. 今年有機米銷售目標：○○萬噸；○○億元。

四、今年度加強廣告行銷投入

1. 去年度廣告預算為○○千萬元；今年成長 30%，將達○○億元。全面啟動全國性電視廣告行動。
2. 廣告預算佔今年總營收比例為○○ %。
3. 廣告行銷投入增強，將帶動今年營收額成長 10%。

五、今年度通路布局

1. 擴大大包裝米的餐飲及商業用途客戶之拓展，將擴張 B2B 業務部北、中、南組織人力，計 5 名。
2. 擴大小包裝米的消費者購買，將全面普及全國性大賣場、超市及經銷商通路系統的點、線、面的涵蓋。

六、今年度米製程品質提升計劃

引進日本碾米生產高技術操作 know-how，持續強化○○米的高質感及附加價值。

七、今年度營運目標

1. 穩固國內第一品牌米。
2. 提升市佔率：整體 10% → 12%；小包裝米 30% → 33%。
3. 擴大有機米銷售：成長 30% 為目標。
4. 營收額：從 30 億→成長 10% 到 33 億元。
5. 獲利額：保持 10% 水平，獲利 3.3 億元。

八、結語與裁示

案例 24　某食品連鎖公司推出「新年發財禮盒」新產品上市行銷企劃案 -

一、新產品教育訓練說明會

1. 全體直營門市店店長出席（計 50 名）。
2. 說明會時間、日期、地點。
3. 說明會主席。
4. 說明會進行程序
   (1) 總經理引言。
   (2) 商品研發部主管說明研發過程。
   (3) 行銷企劃部主管說明上市宣傳企劃案。
   (4) 業務部主管說明定價、銷售說明及各店銷售目標。
   (5) 店長提問 Q&A。
   (6) 散會。

二、舉辦記者發表會（新產品上市記者會）

1. 裝訂日期、時間。
2. 預計地點。
3. 記者會流程
   (1) 董事長致詞。
   (2) 行銷企劃經理對新產品做介紹簡報。
   (3) 現場記者試吃及互動交談。
4. 擬邀請記者名單（50 名）
   (1) 有線電視臺新聞記者。
   (2) 各大報紙消費線記者。
   (3) 各大雜誌消費線記者。
5. 準備文書資料袋（50 份）。
6. 準備贈送記者禮盒一盒（50 份）。
7. 現場布置準備。
8. 預計媒體露出則數為○○○則。

三、行銷工作計劃

1. 門市店店頭行銷計劃
    (1) 海報印製。
    (2) 布條印製。
    (3) DM 印製。
    (4) 門市店專區布置。
    (5) 預算。

2. 平面報紙廣告計劃
    (1) 廣告預算：○○百萬元。
    (2) 刊登報紙：○○日報、○○報、○○○報。
    (3) 刊登版面及刊登型態。
    (4) 三大報預算分配。
    (5) 預計刊登的日期表。
    (6) 公關報導露出預計。

3. 接受平面報紙專訪
    (1) 受訪人：董事長。
    (2) 平面媒體：○○○報、○○○報。
    (3) 預定時間規劃。
    (4) 專訪內容規劃。

4. 公司行號訂購優惠專案
    (1) 針對過去往來顧客發出信函及電話問候。
    (2) 大量訂購優惠專案內容。

5. 針對有記錄的○○萬名會員卡顧客發出告知宣傳。

6. 接受新春美食電視節目專訪報導
    (1) 受訪人：董事長、門市店及工廠。
    (2) 電視媒體：○○電視臺及○○電視臺。
    (3) 預計受訪時間。
    (4) 預計受訪內容。
    (5) 預計播出期間。

7. 其他行銷活動說明。

四、新產品上市行銷專案小組組織表及人員分工表

五、新產品上市行銷重要工作推進時程表

六、行銷總預算（支出）明細表及說明

七、新產品上市 1 年內營收業績預估（由各門市店彙報合計）

八、結語與裁示

案例 25　某飲料公司「多角化經營」企劃報告書大綱

一、國內整體飲料市場分析

1. 去年度國內飲料市場呈現衰退 5% 的事實。
2. 各類型飲料結構比的消長分析。
3. 公司去年飲料營收成長僅 1%，面臨成長困境。
4. 國內整體飲料市場未來不易再成長的三大原因分析。
5. 小結。

二、本公司未來多角化經營方向與對策探討

1. 對策之一
   (1) 方向：跨足糖果、餅乾及零食市場開發。
   (2) 原因分析（SWOT 分析）。
   (3) 預計做法概述。
   (4) 可行性分析。
2. 對策之二
   (1) 方向：跨足酒品代理權及經銷權爭取拓展。
   (2) 原因分析（SWOT 分析）。
   (3) 預計做法概述。
   (4) 可行性分析。

三、本公司多角化經營的營收及損益初估

1. 糖果、餅乾及零食市場的未來 3 年營收及損益預估。
2. 酒品代理銷售及經銷銷售的未來 3 年營收及損益預估。

四、本公司多角化後的組織表調整規劃說明

五、本公司多角化今年度預計重點工作項目及時程表

六、本公司多角化策略經營的重大意義分析

1. 追求永續經營。
2. 追求獲利經營。
3. 追求成長經營。
4. 向大眾股東負責。

七、結語與裁示

案例 26　某食品飲料公司當年度「財務預算」計劃報告

一、財務預算編製過程說明

二、今年度財務預算編訂的基本原則與策略方針

三、今年度「全公司」損益表列示及說明

1. 營收預算及說明。
2. 營業成本預算及說明。
3. 營業毛利預算及說明。
4. 營業費用預算及說明。
5. 營業外收入與支出預算及說明。
6. 稅前損益預算及說明。
7. 稅負預算及說明。
8. 稅後損益預算及說明。
9. 稅後 EPS（每股盈餘）說明。
10. 稅後 ROE（股東權益報酬率）說明。
11. 總公司幕僚費用分攤預算及說明。

四、今年度「食品事業部」損益表列示及說明

五、今年度「飲料事業部」損益表列示及說明

六、今年度「轉投資事業部」損益表列示及說明

七、今年度與去年度損益表數據比較分析表

1. 營業收入成長率。
2. 營業成本變動率。
3. 營業費用變動率。

4. 營業毛利變動率。

5. 稅前損益變動率。

八、今年度全公司「資本性支出」預算表列示及說明

資本支出的事業部門、項目、金額、數量、時程、用途及效益。

九、今年度全公司「現金流量表」（簡稱現流表）預算列示及說明

1. 現金流入項目及金額。

2. 現金流出項目及金額。

3. 現金淨流入金額預計。

十、今年度財務預算總結論

1. 市場環境與國內經濟環境的挑戰及變化。

2. 財務預算與經營策略的聯結關係。

3. 財務預算每月一次達成率檢討與每季一次達成率總檢討，以及做必要的調整修正。

第三節　電腦、手機、電器、汽車類

案例 1 　某自創品牌電腦大廠打進全球 PC 第三大品牌「全球行銷」企劃案

一、2025 年挑戰目標願景

　　全球 PC 銷售市佔率衝向第三大品牌，超越中國聯想電腦，次於 Dell 及 HP 之後。

二、○○全球行銷現況檢討分析

　　含各地區的銷售額、市佔率、產品源通路、價格、廣宣、公關、品牌、服務、競爭對手等。

　1. 歐洲地區檢討。

　2. 東南亞地區檢討。

　3. 中國地區檢討。

　4. 美國地區檢討。

　5. 臺灣地區檢討。

　6. 其他地區檢討。

　7. 小結。

三、去年的整體全球財務績效成果說明

　1. 全公司財務績效分析。

　2. 全球地區別財務績效分析。

　3. 全球各國家別財務績效分析。

　4. 全球各產品線別財務績效分析。

四、去年整體營運仍待改善及加強的事項檢討

五、未來 2 年內，邁向全球 PC 市佔率 15% 及第三大 PC 公司目標之做法與計劃說明

1. 臺北總公司基本行銷策略及目標說明。
2. 歐洲地區行銷計劃說明。
3. 美國地區行銷計劃說明。
4. 中國地區行銷計劃說明。
5. 東南亞地區行銷計劃說明。
6. 臺灣地區行銷計劃說明。
7. 世界其他重點國家行銷計劃說明。
8. 小結。

六、綜合討論

案例 2 ○○手機拓展臺灣手機市場的「通路策略」規劃案 ——

一、本公司手機當前落後的原因探索

1. 品牌知名度及品牌形象落後於 iPhone、三星、SONY。
2. 通路據點少，通路力弱。

二、今年度通路大改革躍進計劃作為

1. 今年度掛上○○手機經銷商通路招牌目標：1200 家店，佔全省 2400 店的 1/2。
2. 預計大手筆投入 3,000 萬元資金。
3. 今年設北、中、南大型○○手機旗艦店。
4. 全程免費邀請經銷商老闆參加「○○經銷商韓國 VIP 之旅」，分五梯次舉行。參觀○○總公司、手機工廠及旅遊。
5. 每季在臺灣國內舉辦一次經銷商大會。
6. 產品線全力配合，今年將推出 30 款新手機給經銷商。
7. 今年廣告量預計將投入○○○○萬元，全力拉抬品牌形象與知名度。

三、行銷支出預算估計

1. 通路改革強化預算：○○○○萬元。
2. 廣告宣傳強化預算：○○○○萬元。
3. 業務人力增加預算投入：○○○○萬元。
4. 公關活動預算投入：○○○○萬元。
5. 合計預算投入：○○○○萬元。

四、通路力強化後的行銷目標達成預估

1. 手機市佔率提升為：○○ %。
2. 手機全年銷售支數：○○萬支。
3. 手機全年銷售額：○○○○萬元。

五、結語

案例 3　某汽車銷售公司確保進口高級車第一名銷售量之「新年度營運計劃」大綱

一、今年度進口高級車市場環境總分析

1. 政府法令環境。
2. 整體購車市場景氣環境。
3. 競爭對手做法環境。
4. 本公司國外母公司配合環境。
5. 其他影響車市周邊環境（包括金融、利率、匯率等）。

二、今年度最強競爭對手（第二名、第三名）行銷策略施行情報蒐集分析

1. Benz 品牌行銷競爭策略。
2. BMW 品牌行銷競爭策略。
3. 小結。

三、本公司品牌去年度躍升第一名的關鍵因素持續加強以及較弱條件之補強措施說明

四、本公司今年度行銷競爭策略說明

1. 商品競爭策略。
2. 定價競爭策略。
3. 通路競爭策略。
4. 廣告競爭策略。
5. 促銷競爭策略。
6. 服務競爭策略。
7. 銷售人員競爭策略。
8. 媒體宣傳競爭策略。
9. 公益活動競爭策略。

10. 會員關係競爭策略。

11. 資訊技術競爭策略。

五、今年度銷售目標挑戰

1. 全車系銷售量／銷售額目標。

2. 各地區經銷商業績目標。

3. 各車型業績目標。

4. 全公司營收、獲利與 EPS 預估表。

六、結論

案例 4　某日系汽車銷售公司去年度躍升進口高級車第一名「銷售量檢討分析」報告

一、去年度首度躍升爲進口車第一名成果分析

1. 進口量與實銷量分析。
2. 各車型別實銷量分析。
3. 各車型別、各縣市別實銷量分析。
4. 這 5 年來歷年成長列表分析。

二、去年度各大進口代理商行銷績效比較分析

1. 實銷量／實銷額比較列表。
2. 這 3 年各代理商消漲圖示。

三、去年度進口量／實銷量躍爲第一名關鍵因素分析

1. 商品分析。
2. 經銷通路分析。
3. 品牌分析。
4. 廣告策略分析。
5. 媒體公關分析。
6. 人員銷售戰力分析。
7. 維修服務戰力分析。
8. 客服戰力分析。
9. 價格分析。
10. 業績獎金誘因分析。
11. 國外原廠配合分析。
12. 促銷活動分析。
13. 相關後勤幕僚單位配合分析。
14. 市場環境配合因素。

四、去年度較居劣勢而需積極改善強化方向說明

五、結論與恭請裁示

案例 5 某汽車銷售公司推出「288」中期營運目標企劃案

一、2007 年中期「288」營運目標數據意涵

2：達成顧客滿意度指標（CSI）為業界第二名。

8：達成營業利益率 8% 提升目標。

8：達成銷售臺數 8 萬輛目標。

二、去年度上述三項指標總檢討分析

1. 顧客滿意度。

2. 營業利益率。

3. 銷售臺數。

三、達成「288」計劃目標之各項具體策略及做法說明

1. 達成顧客滿意度業界 No.2 之策略及做法說明。

2. 達成營業利益率 8% 之策略及做法說明。

3. 達成銷售臺數 8 萬輛之策略及做法說明。

四、「288」專案小組組織架構、分工、執行推動模式及考核工作說明

五、專案小組各重點工作時程表

六、呈請上級支援與決策事項

七、全公司各部門配合事項要求

八、全省各地區經銷商配合事項要求

九、結論與裁示

案例 6　某汽車集團年營收挑戰 1000 億元「營運計劃案」————

一、本案緣起

二、去年度本集團三大公司營運績效成果分析

1. 裕隆汽車績效。
2. 裕隆日產汽車績效。
3. 裕隆通用汽車績效。

三、今年度挑戰集團總營收目標 1000 億元之戰略性意義及方向說明

四、達成集團 1000 億元營收，三大公司之計劃作為說明（個別公司說明）

1. 銷售臺數目標。
2. 銷售額目標。
3. 營運策略方針。
4. 業務與總經銷商工作計劃。
5. 廣告工作計劃。
6. 媒體公關工作計劃。
7. 新車型研發上市工作計劃。
8. 公益活動提升工作計劃。
9. 服務提升工作計劃。
10. 組織調整工作計劃。
11. 人力資源與培訓工作計劃。
12. 資訊工作計劃。
13. 零組件工作計劃。
14. 生產製造工作計劃。
15. CRM 工作計劃。

五、跨公司／跨平臺資源整合政策方針要求原則與具體工作項目說明

六、本專案工作小組組織架構、小組分工及進度檢討說明

七、各項重點工作時程表

八、結論與討論

九、裁示

案例 7　某汽車公司針對上半年「整體汽車市場衰退」分析報告及因應對策

一、今年上半年（1～6 月）國內汽車衰退數據分析

1. 今年 1～6 月，前八大汽車廠牌新車領牌數量，合計為 20.7 萬輛，較去年同期 1～6 月，明顯衰退達 25.4%
   （註：八大汽車廠牌為豐田、中華三菱、裕隆日產、福特、馬自達、本田、韓國現代及鈴木太子）
2. 八大汽車廠牌今年 1～6 月與去年 1～6 月同期新車領牌臺數，個別比較分析表。
3. 小結。

二、今年上半年市場巨幅衰退二成五之綜合原因分析

1. 國內上半年整體經濟景氣原因。
2. 國內雙卡（信用卡／現金卡）呆帳效應影響原因。
3. 過去 3 年平均高速成長而止漲回跌效應影響原因。
4. 消費者購買力下滑與信心不振趨向保守消費影響原因。
5. 100 萬元以上中高價位車影響較小，而 70 萬元以下低價位車影響較大之原因分析。
6. 各廠牌雖推出各款新車型，但仍不敵市場買氣低迷不振的現象分析。
7. 小結。

三、本公司今年上半年營運衰退狀況分析

1. 本公司（本品牌）上半年實際領車牌數，較去年同期衰退 26%，但仍優於裕隆、中華及福特汽車（分別為 –39%、–27% 及 –41%）。
2. 本公司各品牌車型今年上半年與去年同期銷售數量比較分析。
3. 本公司各低、中、高價位車型銷售區別比較分析。
4. 小結。

四、預估今年下半年（7～12 月）國內汽車市場榮枯變化趨勢分析

1. 外部經濟大環境因素變化分析。
2. 汽車市場內部因素變化分析。
3. 小結。

五、本公司下半年因應車市景氣可能仍持續低迷之對策計劃

1. 控制及降低成本與費用之做法及目標數字
   (1) 廣宣費用減少○○%，計節省 $ ○○○○○萬元。
   (2) 管理費用減少○○%，計節省 $ ○○○○萬元。
   (3) 交際費用減少○○%，計節省 $ ○○○○萬元。
   (4) 製造成本減少○○%，計節省 $ ○○○○○萬元。
   (5) 人員費用減少○○%，計節省 $ ○○○○萬元。
   (6) 合計：總減少○○%，總節省 $ ○○○○○萬元。
2. 加速研發明年度第一季新推出車款之計劃時程，寄望明年上半年景氣將復甦。
3. 於不景氣時期改為質化經營，強化營業人員能力，提升銷售數字、維修服務滿意度之二大方向。
4. 重新評估行銷費用預算支出之各項效益，追求對汽車銷售最有效的行銷活動項目（包括減少純廣告託播刊登，增加促銷活動舉辦，以吸引買氣）。

六、預計本公司今年下半年業績衰退狀況，較去年同期及今年上半年狀況之比較判斷報告

七、結論

八、恭呈裁示

九、開展直營自行車連鎖店對本公司外銷及內銷事業之綜效及戰略意義分析

十、國際化發展通路策略

1. 長期計劃（5 年後）構想以臺灣為試金石，計劃在東京、巴黎、倫敦、紐約、芝加哥、首爾、上海、北京等國際大都會逐步逐年設立女性車專賣店。

2. 已達成自行車 OEM 製造量全球第一品牌，另將朝全球直營代表性旗艦店發展策略，以達成與製造第一品牌相得益彰之全球化戰略效益目標。

十一、結語

十二、恭請裁示

案例 8 某日商手機製造行銷公司「最新款手機上市」營運企劃案 ——

一、本案緣起與背景

二、最新款 5G 手機產品簡介

1. 品牌名稱
   ○○○照相手機。
2. 產品功能：(1) 具備 1200 萬畫素照相鏡頭；(2) 內配 512MB 記憶卡；(3) 其他功能說明。
3. 研發地點
   日本○○○總公司手機研發中心。

三、新產品上市之整合行銷傳播策略規劃

1. 代言人策略
   由王力宏當紅男歌手，擔任今年度代言人。
2. 戶外大型看板策略
   擬於臺北市最具視野效果的華納威秀廣場、敦化北路及南京東路交叉路口的巨型廣告看板掛招。
3. 媒體廣告刊播策略：(1) 電視媒體廣告播出計劃說明；(2) 四大綜合報紙廣告刊出計劃說明；(3) 網路媒體廣告刊出計劃說明；(4) 雜誌媒體廣告刊出計劃說明；(5) 廣播媒體廣告刊播計劃說明；(6) 第一波（7～9 月）媒體預算花費總計○○○○萬元。
4. 事件行銷活動舉辦策略。
5. 公關發稿及見稿策略。
6. 新聞置入及節目置入策略。
7. 代言人（王力宏）年度配合出席活動計劃策略。

四、銷售通路策略

1. 直營通路。
2. 經銷通路。
3. 特殊通路。
4. 由聯強國際擔任獨家代理。

五、定價策略

1. 建議零售價為 3 萬元，屬高價、高功能、高質感照相手機。
2. 各通路層次定價表（略）。

六、預計營業績效目標

1. 奪得 5G 單機價 3 萬元以上的銷售冠軍。
2. 第三季整體手機銷售量市佔率達 13%，銷售金額達 17%，以鞏固市場第三品牌寶座。
3. 本產品預計未來 1 年的每月銷售量 / 銷售額預估列表。

七、行銷（含廣告、宣傳、公關、活動、代言人、店頭促銷等）預算支出表

八、新品上市對本公司在臺灣市場戰略性的意義分析

九、日本○○○○總公司對臺灣子公司的資源協助說明

十、整體上市時程表說明

十一、結論與討論

十二、恭請裁示

案例 9 某日系液晶電視機成為「市場第一品牌」行銷檢討報告 ─────

一、上月單月「銷售量」突破 5000 臺，去年 11 月以來單月「銷售額」居市場第一之說明

1. 液晶電視機十大競爭品牌，各品牌近八個月銷售金額及市佔率排名表。
2. 液晶電視機十大競爭品牌，上月（7 月）各品牌銷售量（臺數）及市佔率排名表。

二、本公司品牌單月銷售突破 5000 臺之數據分析

1. 北、中、南區銷售臺數分析表。
2. 各尺寸（32 吋 / 37 吋 / 40 吋 / 42 吋 / 45 吋 / 50 吋等）銷售臺數及佔比分析表。
3. 各通路別銷售臺數及佔比分析表。
4. 小結。

三、本公司品牌液晶電視機單月銷售突破 5000 臺之原因分析

1. 價格策略（降價）奏效因素分析
   (1) 40 吋不到 8 萬元。
   (2) 32 吋不到 5 萬元。
2. 通路商策略因素分析
   (1) 獎勵措施發揮效果。
   (2) 業務人員全方位動員推進。
3. 廣宣及品牌策略因素分析
   (1) 塑造品牌形象取得第一名。
   (2) 媒體廣告及公關宣傳效應顯著。
4. 產品力策略因素分析
   (1) 產品品質廣獲通路商及消費者口碑肯定。
   (2) 產品品項規格豐富多元。
   (3) 產品線齊全。

5. 日本總公司相關行銷業務資源的支援。

四、下半年預估行銷目標

1. 本公司已在臺灣拿下液晶電視機雙料冠軍（銷售量及銷售額雙料）。
2. 以市佔率超過 20% 為努力目標。

五、下半年的行銷策略與行銷計劃策定

1. 新產品推進市場策略及計劃。
2. 品牌廣宣深耕策略及計劃。
3. 第三波價格策略及計劃。
4. 全力投入行銷預算計算。
5. 通路與業務全面拓展推進策略及計劃。
6. 小結。

六、今年度（1～12 月）液晶電視機產品源的預估損益表（含營收、營業成本、營業費用及營業獲利等）

七、取得臺灣液晶電視機市場第一品牌，業務之行銷啟示意義，以及對臺灣分公司的戰略意義

八、結語

九、恭請裁示

案例 10　某汽車公司於董事會「調降」年度銷售量目標報告案 ————

一、今年上半年度國內汽車銷售市場現況分析

1. 總體市場銷售衰退數據及狀況。
2. 各汽車品牌銷售衰退數據及狀況。
3. 衰退原因分析。

二、今年下半年銷售情況的預測：持續低迷的評估分析及說明

三、本公司將調降原訂今年度銷售量營收、獲利目標與預算

1. 下修銷售量：原訂 15 萬輛，下修到 11 萬輛，衰退 26%。
2. 下修營收額：原訂○○○億元，下修到○○○億元。
3. 下修獲利額：原訂○○億元，下修到○○億元。

四、力保下半年銷售衰退能減到最小幅度之因應對策說明

1. 提升經銷商銷售戰力方面。
2. 加強促銷活動力度方面。
3. 提升品牌廣告宣傳戰力方面。
4. 強化提升公益形象方面。
5. 推出下半年新款車型方面。

五、結語

案例 11　某資訊 3C 連鎖店年度「財務績效」未達成檢討報告案 ————

一、損益表分析報告

1. 今年營收額、營業成本、毛利、營業費用、淨利及 EPS 狀況檢討分析。
2. 今年度與去年同期衰退比較分析。
3. 今年與預算達成率衰退比較分析。

二、營收業績衰退分析

1. 各縣市營收業績與去年同期及原訂預算衰退比較分析。
2. 北、中、南、東四大區營收業績與去年同期及原訂預算衰退比較分析。
3. 各類產品營收業績與去年同期及原訂預算衰退比較分析。
4. 各月別營收業績與去年同期及原訂預算衰退比較分析。

三、營業成本檢討分析

1. 今年度營業成本與去年同期及原訂預算比較分析。
2. 各產品類別營業成本與去年同期及原訂預算比較分析。

四、營業毛利檢討分析

1. 今年度營業毛利與去年同期及原訂預算比較分析。
2. 各產品類別營業毛利與去年同期及原訂預算比較分析。

五、營業淨利檢討分析

1. 今年度營業淨利與去年同期及原訂預算衰退比較分析。
2. 各產品類別營業淨利與去年同期及原訂預算衰退比較分析。

六、EPS 檢討分析

今年度 EPS 與去年同期及原訂預算比較分析。

七、獲利衰退原因歸納分析

1. 外部環境景氣瞬間直線下滑及消費緊縮衝擊。
2. 營收衰退，達成率只達 90%。
3. 促銷活動舉辦頻繁，產品售價下跌，使毛利率下滑，影響獲利率下滑及獲利額衰退 18%。

八、從財務績效衰退，看明年度的營業對策建議

1. 暫緩招店速度，除非好地點開店外，其他一律暫緩，減少資本支出。
2. 全面要求全國 200 多家直營店之店租下降 10%，以降低龐大的租金支出。
3. 精簡不必要的人力成本，包括門市人力及總公司幕僚人員成本，目標降 10%。
4. 適度減少沒有效益的廣告宣傳費，改為直接賣場促銷活動。
5. 減少總部幕僚管銷費用，目標降 10%。
6. 要求與上游供貨廠商談判，降低進貨成本至少 3%～6%，以提高毛利率。
7. 加強各店督導，要求對經營效益、行銷活動及人力服務品質的提升，以提高店效。
8. 針對虧損的店面，展開門市人力整頓工作，由人的問題做根本著手，若仍無好轉，將評估關掉持續虧損的門市。
9. 即使業績衰退，但仍應比主要競爭對手的衰退幅度小，以確保市佔率及通路品牌排名第一。

九、本公司與競爭對手的今年業績比較分析

1. 全國電子（本公司）與燦坤及順發 3C 前三大通路品牌的業績比較分析。
2. 前三大通路品牌業績衰退概況分析說明。

十、結語與裁示

案例 12　某手機銷售通路商「提升市佔率」經營企劃案

一、市佔率現況檢討

1. 今年度手機銷售通路市佔率達史上最高峰 50%。
2. 近 5 年各手機銷售通路商市佔率消長變化圖示。
3. 本公司市佔率逐年上升之關鍵因素分析。

二、前三大競爭品牌通路商競爭優勢分析

1. 本公司與其他二大品牌通路商競爭優劣勢分析。
2. 競爭對手品牌的未來策略分析。

三、市佔率提升的短、中、長期目標數據

1. 短期目標（1 年內）：從 50% → 55%。
2. 中長期目標（3 年內）：從 55% → 60%。
3. 分析說明：鑑於 50% 市佔率已非常高，未來將以成長 10% 為目標。

四、市佔率提升的具體策略方針與重大計劃設想

1. 總體經營策略的準則
   (1) 打造國內最大 3C 數位匯流新平臺的戰略構想，並提供各式新穎 3C 產品組合，以服務消費者。
   (2) 持續緊密保持與戰略夥伴中華電信公司的策略聯盟合作架構。
2. 通路策略與計劃
   (1) 現有通路現況檢討
      中華電信神腦國際特約服務中心：200 家門市店、中華電信神腦國際營業櫃檯：310 個，加上既有的加盟體系：190 個，合計 700 個營業據點，成為國內最大的手機通訊通路商。
   (2) 未來通路據點成長的空間分析。
   (3) 未來通路據點成長的業務策略、業務目標及重點計劃說明。

3. 店頭革新策略與計劃

(1) 預計明年度開始，全面更新企業識別（CI）標誌（Senao 神腦國際）。

(2) 預計明年度開始，全面進行店招更新（店面招牌更新）。

(3) 店頭更新預算概估。

(4) 訴求：期望以「年輕、活力、專業」的嶄新企業形象為訴求。

4. 產品組合策略與計劃

(1) 手機產品組合線。

(2) 非手機產品組合線（3C 數位匯流產品線）。

(3) 與產品供應商的採購與配合政策說明。

5. 行銷策略與計劃

(1) 重大年度與節慶促銷活動規劃方向說明。

(2) 年度廣告宣傳規劃方向說明

　①電視廣告 CF 計劃。

　②其他媒體廣告計劃。

(3) 年度公關活動規劃方向說明。

五、未來 3 年中期營收與市佔率成長目標

1. 今年度：營收額可望突破220億元，市佔率突破50%，遙遙領先其他競爭對手。

2. 未來 3 年之營收與市佔率成長預估表。

六、結語與裁示

成為國內最大，也是最具競爭優勢的 3C 數位與通訊匯流新平臺。

案例 13　某大型資訊 3C 連鎖通路「多角化經營」企劃案 —————

一、本公司現階段面臨的經營問題點分析

1. 拓點數面臨飽和，成長不易。
2. 平均每店營收額面臨飽和，成長不易。
3. 銷售資訊 3C 產品型態與經營模式，已漸不符市場需求與成本效益不夠划算。
4. 資訊 3C 產品毛利率不斷下滑，獲利減少。
5. 面對○○○大賣場銷售競爭影響。

二、多角化經營方向選擇：跨足手機通訊通路市場

1. 通訊事業佔本公司總營收僅 5%，約 15 億元。
2. 市場商機
   (1) 目前國內手機門號用戶達 2300 多萬，普及率超過 100%。
   (2) 新申辦門號已進入疲乏期，但在門號可攜轉換，每年達 320 萬人，商機相當龐大。
3. 抉擇：本公司已轉向跨足通訊通路市場。
4. 跨足通訊通路市場的 SWOT 分析。

三、展開的具體做法

1. 基本構想：成立店中店「0 元本鋪」。
2. 預計展開時間：3 個月內完成本專案。
3. 成立「強攻通訊事業」專案小組組織及人力分工配置。
4. 預計布置店數
   (1) 初階段：為較大型店（全國計 50 家店，佔 1/5 比例）。
   (2) 中長期階段：從 50 家店擴充到 250 家店。
5. 3 年內通訊事業營收額
   從 15 億元→ 20 億元→ 30 億元→ 40 億元；估計將成長 25 億元營收額，佔總營收額比例為 12%。

6. 3 年內通訊事業部門毛利收入預估。

四、行銷策略：不惜血本，全面回饋顧客，爭取通訊業績

第一年行銷策略如下：

1. 促銷策略主軸：預計將電信公司所回饋的佣金及補貼款，均用來購買促銷贈品，免費贈送給客戶。
2. 促銷方案：提出 0 元贈品優惠方案
    (1) 凡新申請○○ 365 方案或 401 資費方案，簽約 2 年，即可免費獲得一臺市價 9500 元華碩 Eee PC 小筆電。
    (2) 另外，提供十項免費小家電及十項個人用品的贈品可供選擇。
    (3) 與○○旅行社合作，提供香港、泰國及澳門等套裝旅遊行程之贈品，其最高價值達 1.3 萬元。

五、倒數 3 個月籌備期，各小組分工的重要工作事項及時程表

六、「0 元本鋪」店中店（專櫃、專區）設計圖參考及其改裝成本需求估算列表

七、結語與裁示

案例 14　日系家電公司力拼「冰箱銷售額臺灣第一大計劃」行銷企劃案·

一、去年臺灣冰箱市場總檢視

1. 市場規模：一年約達 50 萬臺，總銷售額達○○○億元。
2. 國內外品牌市佔率概估列表
　—臺灣本土品牌：大同、東元、聲寶、三洋、歌林。
　—進口品牌：日立、LG、三星、惠而浦、松下。

二、本公司品牌去年銷售狀況

1. 銷售量：約 5 萬臺（全數進口品）。
2. 佔總進口量：70%。
3. 高價冰箱市佔率：70%（第一位）。
4. 產品別：頂級多門式冰箱。

三、本品牌躍升進口冰箱第一位及整體冰箱銷售第二位的原因分析

1. 來臺上市新款冰箱商品力強
　—頂級真空冰溫室特色。
　—小體積卻有 602 公升，業界最大容量。
2. 廣告代言人成功
　去年度廣告代言人由微風廣場少東夫人孫芸芸擔任，獲得認同具有不錯效果。
3. 產品定位成功
　去年度整體產品形象定位在「生活美學」，以日系產品的高質感，獲得目標客層的高度認同及偏愛選擇。
4. 通路商配合促銷成功
　各量販店、各家電連鎖店、各家電行與本公司促銷活動配合良好。

四、今年度冰箱銷售目標

1. 市佔率：從目前 20%→提升到 25%。

2. 地位：市佔率第一品牌。

3. 銷售量及銷售額：成長 20%，達年銷 6 萬臺，銷售額為○○○億元。

4. 預估獲利額：○○○億元。

五、今年度行銷策略操作重點原則

1. 廣告代言人：再度與孫芸芸簽約代言。

2. 引進多款新產品：持續引進多款高價位及中價位冰箱產品上市銷售，力爭營收額兩成成長。

3. 廣告預算：比去年再增加一成，達○○億元。

4. 產品定位：持續「生活美學」的優良形象 Slogan。

5. 通路普及化：力求通路型態的多元化，讓銷售據點更廣泛。

6. 促銷活動：配合季節需求及通路高需求，每季舉辦一次大型促銷活動，以提升買氣。

7. 價格彈性：因應各種通路商的不同，以及市場季節的考量，今年度的價格策略將調整底線金額，而放寬更大的業務彈性。

六、今年度冰箱產品線損益表預估

—各月別的營收、成本、毛利、營業費用及營業純益之預估分析。

—各通路別營收預估及佔比分析。

七、今年度冰箱產品線重大工作進度時程表列示

八、今年度進口冰箱與日本○○總公司溝通協調事項說明

1. 新產品協調事項。

2. 技術支援事項。

3. 進口作業事項。

4. 成本協調事項。

九、結語與裁示

第四節　報章雜誌、媒體廣告類

案例 1　某媒體公司對發展肖像授權商品市場「分析與營運策略」建議報告書綱要

一、前言

二、迪士尼、三麗鷗（日本）及萬代（日本）公司卡通肖像發展策略分析

1. 成功卡通肖像整理一覽表。
2. 迪士尼公司整體營收及肖像授權營收佔比。
3. 三麗鷗肖像授權營收佔比。
4. 萬代肖像授權營收佔比。
5. 上述卡通肖像成功發展的策略分析
   (1) 以故事塑造肖像本身的特色，讓消費者產生情感共鳴，引發購買肖像商品的意願。
   (2) 肖像造型不斷翻新，吸引新一代消費者目光，拓展消費客群。
   (3) 注重各式商品的開發，商品品項眾多，且不斷推陳出新。
   (4) 多元化行銷及展售形態，多方面宣傳肖像並增加收入來源。

三、知名卡通肖像成功的肖像授權商品策略分析

1. 米老鼠以迪士尼六大肖像商品範圍，建構多角化發展的商品品項（民生消費品、家居用品、出版刊物、電視遊戲、服裝織品及玩具）。
2. 三麗鷗的凱蒂貓除菸、酒外，包括消費者日常生活各層面。
3. 萬代以打造機動戰士鋼彈在日本動漫畫市場為主流商品。

四、對本公司肖像發展及肖像授權商品之策略建議

1. 發展多樣化、多品項的授權商品。
2. 依季節、特殊節日或是紀念主題，開發應景或限量商品。
3. 依照消費者的年齡、性別，規劃不同主題的肖像商品。
4. 尋求與異業合作的機會，創造雙贏局面。

五、附件

案例 2　某兒童頻道擬拓展幼教加盟連鎖店「營運計劃」報告案 ─────

一、○○進入幼教產業之未來發展性

二、○○進入加盟幼教之市場商機分析

三、「○○加盟學校」連鎖系統之市場定位

四、市場現況分析

1. 幼稚園與安親班目標市場規劃（家教表）。
2. 目標市場加盟品牌市佔率分析
    (1) 長頸鹿：34%。
    (2) 吉的堡：20%。
    (3) 小哈波：13%。
    (4) 佳音：16%。
    (5) 喬登：11%。
    (6) 格蘭：6%。

五、○○與既有品牌之價值差異

六、○○的產品策略規劃說明

1. ○○幼兒學校教材及媒體內容說明。
2. 鞏固既有忠實顧客，提供更精緻、更頂級、更廣泛的服務，以鞏固中、高消費力者的顧客。
3. 品牌廣告宣傳手法及內容表現力求創新與改變。
4. 加強配合百貨公司各大促銷活動，以及有效優惠計劃的執行力。

七、結論與討論

案例3 某廣告行銷研究公司對某電視購物所做「品牌檢驗」（Brand Audit）研究報告結果大綱

一、為什麼要做這個調查

1. 檢驗現況。
2. 規劃未來。

二、我們如何做這個調查

1. 運用○○品牌檢驗與品牌掃描工具。
2. 以八場消費者座談會小組討論（FGD）。

三、品牌檢驗是什麼？

四、品牌檢驗基本架構

1. 品牌聯想。
2. 品牌獨特點。
3. 經驗與情感。
4. 品牌DNA。

五、○○品牌資產的六大面向

1. 產品是否增強品牌內涵與價值（Product）。
2. 形象好壞強弱（Image）。
3. 社會對它的認可與好感（Goodwill）。
4. 致力於保養及打造消費者忠誠度（Customer）。
5. 賣場的硬體與服務（Channel）。
6. 清楚而一致的識別系統（Visual）。

六、檢驗品牌的現況

　1. 品牌聯想的結果（略）。

　2. 美好的○○○購物經驗（會員組）

　　(1) 貼心服務。

　　(2) 誠實不欺。

　　(3) 有紀念性的溫馨禮物。

　　(4) 負責與關心。

　3. 不好的○○○購物經驗

　　(1) 送退貨較沒效率。

　　(2) 嚴選不夠嚴謹。

　　(3) 購物專家說法誇張。

　　(4) 選貨不貼心。

七、給○○○購物打分數──服務滿意，但產品品質控管待強化

八、一路走來○○○購物──品牌形象加分，但產品品質待強化

九、進步與退步

　1. 品牌。

　2. 商品。

　3. 節目。

　4. 服務。

十、○○○購物節目的魅力之處

十一、對○○○購物節目的改進與建議

　1. 頻道節目。

　2. 產品。

3. 誠懇。

4. 專業。

十二、○○○購物品牌擬人化 —— 主要來自購物專家的形象

十三、○○○購物不可少的元素

十四、與其他電視購物品牌比較

1. 東森購物。

2. 富邦 momo。

3. 中信 ViVa。

十五、○○○購物與實體通路的競爭分析

1. 百貨公司。

2. 大賣場。

十六、品牌檢驗的結論

1. ○○○購物的品牌。

2. ○○○購物的品牌核心：輕鬆、有趣、專業。

3. ○○○購物六大面向的品牌檢視

(1) 產品檢視。

(2) 形象檢視。

(3) 顧客檢視。

(4) 通路檢視。

(5) 視覺檢視。

(6) 聲譽檢視。

十七、探索品牌未來

電視購物的核心魅力在哪裡？

十八、電視購物四大魅力：輕鬆＋划算＋有趣＋新奇

十九、潛在／不活躍顧客進入電視購物的障礙在哪裡

二十、消費者想／不想在電視購物買的品類為何

二十一、消費者對○○○購物的需求與期待

1. 購物更優惠。
2. 服務更周全。
3. 商品更多元。
4. 節目更專業互動。

二十二、對○○○購物廣告的發現

二十三、訴求○○○購物的新角度

二十四、當個真正的 Shopping King 及 Shopping Queen

二十五、購物的 Discovery 頻道

二十六、探索品牌未來的結論

1. 如何增加對產品品質的依賴感。
2. 如何為○○○購物增加新鮮感。
3. 傳播上的學習
   (1) 有效的廣告投資量。
   (2) 建立品牌。

4. 未來傳播上的四個層級建議

　　(1) 活動、促銷優惠、會員活動。

　　(2) 給電視購物新的魅力。

　　(3) 增加商品品質的依賴感。

　　(4) 品牌形象。

5. 持續累積品牌資產：專業、輕鬆、有趣、可靠。

第五節　日常用品雜貨類

案例 1　高價牙齒保健產品「市場潛力」分析 ─────────

一、臺灣民眾受口腔疾病所苦的歷年人數與佔比分析

二、現有牙齒保健產品市場分析

1. 牙刷市場規模（銷售量與銷售額）。
2. 牙膏市場規模。
3. 主力品牌及佔有率分析。
4. 行銷狀況分析。

三、高價牙齒保健產品市場分析

1. 主力競爭品牌及佔有率。
2. 一年市場販售規模（銷售量與銷售額）。
3. 主要銷售通路。
4. 產品類型及訴求功能點。
5. 產品定價帶區間。
6. 銷售對象（區隔市場）分析。
7. 產品投資狀況。
8. 整合行銷做法。
9. 獲利分析。
10. 未來成長潛力及成長方向選擇分析。
11. 行銷成功關鍵因素分析。

四、本公司進入高價牙齒保健產品的 SWOT 分析與戰略布局分析

1. OT 分析（機會與威脅分析）。
2. SW 分析（競爭優劣勢分析）。
3. 戰略布局分析。

五、本公司進入高價牙齒保健產品的初步規劃方向說明

六、結論

七、恭請裁示

案例2 某衛生棉品牌提升市佔率「行銷績效成果」報告

一、本品牌近半年來市佔率提升之數據分析

1. 今年 1～6 月，本品牌銷售量、銷售額、市佔率、品牌地位排名分析表。
2. 其他品牌市佔率排名變化分析表。
3. 本品牌市佔率提升之地區性分析（北、中、南區）。
4. 本品牌市佔率提升之消費族群輪廓分析。
5. 本品牌市佔率提升之銷售通路分析。
6. 小結。

二、本品牌市佔率躍升到第二名，進逼第一名之原因分析

1. 第一品牌廣告投資轉趨保守，使品牌曝光量減少，致使銷售下滑。
2. 本品牌產品重新包裝設計，拉攏年輕女性族群的距離，使業績明顯突破成長。
3. 本品牌在「護墊」產品成長迅速，已成為此產品之市佔率第一。
4. 行銷策略訴求衛生升級的弱酸性護墊為主力，並找醫生及護士背書。持續教育消費者使用升級型的產品，不只是價格低，才能有效維持新鮮感。
5. 採用「情境行銷法」，業績獲得突破。
6. 適度的廣告投入量及廣告曝光度所致。

三、今年下半年的行銷策略說明

1. 廣告 CF 表現手法及廣告投入量方面之規劃說明。
2. 在廣編特輯表現手法及廣告投入量方面之規劃說明。
3. 產品的持續改革及精進之規劃說明。
4. 賣場（店頭）行銷之規劃說明。
5. 網路行銷與年輕族群之規劃說明。
6. 品牌避免老化之因應對策方針說明。
7. 第二品牌及多品牌行銷之可行性評估。
8. 鞏固忠誠消費者之會員經營部門成立之說明。

9. 下半年 Event 行銷活動之規劃說明。

10. 小結。

四、預計下半年市佔率再提升之目標百分比及排名預估

五、結語與恭請裁示

案例3 某衛生棉品牌「廣告效益」檢討報告

一、○○廣告公司策略操作內容概述

1. 品牌：○○○衛生棉。
2. 廣告代言人：□□□。
3. 策略點：以「貼心」為訴求，配上○○○定位的「Personal Care Store（個人照護商店）」。
4. 呈現點：以朋友角度來關心生理期的女性友人。
5. Slogan：「我是小豬，妳的好朋友來囉」。
6. 預算：一個月內，2000萬。
7. 預算分配：電視、平面媒體、公車廣告及部落格。
8. 目標族群：屈臣氏美妝產品的固定族群。

二、廣告播出後，行銷效益總檢討分析

1. ○○○自有品牌衛生棉銷售業績提升83%之說明（第一個月）。
2. 店內顧客購買衛生棉比例增加50%之說明（首月）。
3. 二萬份贈品於活動開始五天內索取一空。
4. 代言人部落格：4週內創下40萬人次瀏覽紀錄。
5. 品牌知名度：經市調上升到○○%。
6. 更加穩固消費族群，以及增加新的消費者。
7. 業績上升所帶來之毛利額。

三、成本與效益比較評估

1. 有形數據的比較分析；2. 無形效益的比較分析；3. 小結：整體效益大於投入行銷成本。

四、未來操作類似品牌廣告宣傳活動之精進方向及注意事項說明

五、此次與廣告公司配合良好的學習紀錄事項，供作未來借鏡參考

六、結語

第六節　服飾、鞋類、化妝類

案例 1 **某化妝保養品品牌檢討分析「市佔率衰退」及精進改善企劃案 ——**

一、今年上半年化妝保養品市場成長狀況

1. 彩妝系列較去年成長狀況。
2. 保養系列較去年成長狀況。
3. 小結。

二、今年上半年前十大品牌營業額及市佔率變動狀況分析表

三、本品牌今年上半年業績檢討及市佔率檢討

1. 業績檢討
   (1) 與去年同期業績比較。
   (2) 與今年原預算業績比較。
   (3) 小結。
2. 市佔率檢討
   (1) 與去年同期市佔率比較。
   (2) 市佔率衰退比較。
3. 市佔率衰退原因分析
   (1) 主要競爭對手品牌強大廣宣投入，成功搶佔市佔率
      ① ○○○品牌；② ○○○品牌；③ ○○○品牌；④ ○○○品牌。
   (2) 新加入競爭對手品牌，加入戰局，分食市佔率
      ① ○○○品牌；② ○○○品牌。
   (3) 開架式化妝品的快速成長，分食市佔率。
   (4) 本公司自我因素的檢討
      ①廣宣預算縮減因素；②缺乏新產品上市推出；③通路變化的影響；④價格彈性不足的影響。

四、今年下半年化妝保養品市場變化的趨勢分析

五、今年下半年主力競爭對手行銷策略動向之分析

1. ○○○品牌行銷策略動向。
2. ○○○品牌行銷策略動向。
3. ○○○品牌行銷策略動向。

六、今年下半年本品牌市佔率回升對策說明

1. 新產品上市推出策略及計劃。
2. 廣宣預算增編策略及計劃。
3. 通路因應策略及計劃。
4. 價格彈性策略及計劃。
5. 業務組織及品牌行銷組織人力變革計劃。

七、本品牌市佔率一年內回升目標與時間表

1. 7～9月（今年第三季）：○○％。
2. 10～12月（今年第四季）：○○％。
3. 明年第一季：○○％。
4. 明年第二季：○○％。

八、請求相關部門支援事項說明

九、結語與恭請裁示

案例 2　某化妝保養品「代言人」效益檢討報告案 ——————

一、今年度代言人活動回顧說明（1～12 月）

1. 產品說明會。
2. 記者會。
3. 百貨公司專櫃現場活動。
4. VIP 招待會。
5. 電視 CF 製拍。
6. 會員刊物相片拍攝。
7. 戶外事件行銷活動。
8. 媒體專訪。
9. 報紙廣編特輯製作。
10. 網路行銷活動。
11. 小結。

二、代言人年度總成本投入花費結算明細檢討

1. 代言人簽約成本。
2. 代言人相關周邊行銷活動花費成本。

三、代言人所帶來之行銷效益總檢討

1. 業績增長的效益說明
   男性保養品系列業績年成長率超過○○ %，佔全品牌業績額已達○○ %。
2. 男性代言人及品牌知名度，市場領先的效益說明。
3. 百貨公司通路上櫃效益說明。
4. 獲利成長說明
   本品牌年度獲利○○○○萬元，較去年同期成長○○ %。
5. 帶動全品牌效益說明。
6. 小結。

四、本年度代言人成本與效益總結評估說明

1. 效益大於成本。
2. 未來代言人專案活動，值得加以改善的方向及說明。

五、總結論

六、恭請裁示

案例 3　某皮鞋連鎖店檢討「直營通路縮減」分析報告 ─────────

一、本公司今年前 8 月通路營收業績衰退 26% 之分析檢討

1. 整體通路及三個品牌通路業績與去年同期比較分析。
2. 獲利通路及虧損通路之損益分析。
3. 目前三個品牌通路據點數及分布地區分析。
4. 小結。

二、通路縮減因應對策建議

1. 目前通路店面：合計 306 店。
2. 今年底將刪減調整到：280 店。
3. 預計關閉或轉讓不符合效益店：30 個門市店。
4. 執行小組組織負責單位及人員。
5. 預計關閉完成的時程表。
6. 相關單位應配合事項。

三、通路據點精簡後之效益分析

1. 對全公司整體獲利改善，將達每年○○○○萬元。
2. 平均獲利店，將達○○ %，不獲利店減至○○ %。
3. 對廣宣費用投入的節省：○○○○萬元。
4. 對門市店人員的節省：○○○○萬元。

四、未來品牌通路的發展政策

1. 持續提升店效，保守店數擴增。
2. 調整及改善三個品牌通路經營與行銷的明顯區隔化策略及執行方案。
3. 加強門市店長及人員教育訓練與銷售技能素質。
4. 成立三個不同品牌通路負責單位及主管，朝向利潤中心體制（Business Unit, BU）組織及考核體制改革。

5. 加強整合行銷傳播計劃，提升品牌知名度、喜愛度、促購度、忠誠度及指名度。

五、結論與討論

六、恭請裁示

案例 4 　某藥妝連鎖店新年度業務拓展「營運計劃書」————————

一、去年業績與同業比較分析

1. 店數／店效／坪效比較分析。
2. 營收額／獲利／EPS 比較分析。
3. 商品結構比較分析。
4. 全省區域性比較分析。
5. 廣宣投入額比較分析。
6. 客層／客單價／會員人數比較分析。
7. 小結：去年度的得與失檢討。

二、今年度營運計劃說明

1. 營運目標與預算。
2. 營運方針與營運策略。
3. 展店計劃。
4. 商品結構與商品線計劃。
5. 北、中、南、東部地區性計劃。
6. 全年度促銷計劃。
7. 全年度廣告計劃。
8. 全年度媒體公關計劃。
9. 全年度店面改裝計劃。
10. 價格計劃。
11. 會員經營計劃。
12. 全年度服務革新計劃。
13. 全年度教育訓練計劃。
14. 全年度各店業績競賽計劃。
15. 薪酬與獎金革新計劃。
16. 組織改革計劃。
17. 全年度商品採購計劃。

18. CRM 資訊應用計劃。

三、今年度力求與第一品牌距離接近的原則政策說明

四、今年度創造競爭優勢的五項重點要求

1. 特色商品優勢。
2. 價格機動優勢。
3. 廣告有效優勢。
4. 店數規模優勢。
5. 促銷活動優勢。

五、今年度行銷費用總預算佔營收額比例提升到○○ %

六、結論

七、恭請裁示

案例 5　某服飾連鎖店公司「年終營運檢討」報告案 ——————

一、營收業績檢討

1. 全年公司總實際營收額及其與去年比較分析。
2. 今年度實際營收額與原訂預算比較分析。
3. 平均每店實際營收與預算比較分析。

二、獲利績效檢討

1. 今年獲利狀況與去年比較分析。
2. 今年獲利與原訂預算比較分析。
3. 平均每店實際獲利與預算比較分析。

三、地區績效檢討

1. 全國北、中、南三區營收業績與去年實際及原訂預算比較分析。
2. 全國北、中、南三區獲利貢獻佔比分析。
3. 全國獲利績效前十名門市店列表分析。

四、與競爭同業績效檢討

1. 與競爭同業營收額及市佔率比較分析。
2. 與競爭同業獲利比較分析。
3. 與競爭同業門市店比較分析。

五、行銷活動檢討

1. 行銷預算實際支出與原訂預算比較分析。
2. 行銷預算支出佔總營收額比例分析暨其與去年度佔比之比較分析。
3. 行銷預算支出項目之效益檢討分析
   (1) 電視媒體廣告費。

(2) 平面媒體廣告費。

(3) 媒體公關報導費。

(4) 活動舉辦費。

(5) 促銷舉辦費。

(6) 公車廣告費。

(7) 戶外看板廣告費。

4.品牌知名度與品牌好感度，提升狀況檢討。

六、展店績效檢討

1.實際展店數與預計目標展店數比較分析。

2.同業展店數比較分析。

3.今年度新開店數經營績效綜述。

七、費用控制績效檢討

1.今年總費用支出與原訂預算及去年度之比較分析。

2.今年各項費用支出佔比分析及其與去年比較分析。

3.今年各項費用支出與原訂預算比較分析。

八、採購成本與庫存控制績效檢討

1.降低採購成本績效檢討分析。

2.今年總庫存金額與原訂預算及去年度之比較分析。

3.今年庫存週轉率與去年比較分析。

4.今年進、銷、存作業控管成效。

九、人力績效檢討

1.今年平均每位員工創造的營收額及獲利額。

2.本公司人力總數與同業比較分析。

十、綜合檢討結論與明年度應行加強改善的方向與對策

  1. 財務績效面。

  2. 費用成本控制績效面。

  3. 庫存控制績效面。

  4. 人力運用績效面。

  5. 行銷活動績效面。

  6. 展店績效面。

十一、結語與裁示

案例 6　某藥妝連鎖店開發面膜「自有品牌產品企劃」報告

一、面膜市場商機分析

1. 國內面膜市場規模達 30 億元，佔整體保養品市場 120 億元的 1/4 強。
2. 國內屈臣氏今年度面膜銷售量達 1200 萬片，康是美達 750 萬片，合計 1950 萬片。
3. 在藥妝店購買保養品的顧客，平均每五人就有一人會購買面膜。
4. 在藥妝店購買面膜產品與乳霜產品，在總銷售排行榜均名列第一位。

二、面膜產品對本連鎖店的貢獻分析

1. 今年度預計可創造○○○億元營收額，佔總營收比例為○○ %、佔保養品類營收比例為○○ %。
2. 今年度面膜產品平均毛利率為○○ %，預計可創造○○○千萬元毛利額。
3. 今年度購買面膜總顧客人次達○○百萬人次；扣除重複購買的同一顧客人數，合計總購買顧客人數達○○百萬人。

三、連鎖店銷售面膜供應商與品牌概況分析

1. 國內供應商及供應品牌營運概況分析。
2. 國外供應商及供應品牌營運概況分析。

四、本公司明年度預計開發自有品牌面膜產品計劃說明

1. 預計委外代工工廠對象概況說明
   (1) 工廠研發能力。
   (2) 工廠製造能力。
   (3) 工廠品質能力。
   (4) 工廠信譽能力。
   (5) 工廠配合關係。
2. 預計推出面膜類型：美白面膜。

3. 款式：預計推出十款全新概念面膜。

4. 訴求：強調「複方」及「功效 all in one」。

5. 上市時程：明年春季（4 月）。

6. 促銷活動 Slogan：「面膜大賞：夏日淨白新主張」。

7. 預計訂購量：採每月下單一次，明年 4～12 月預計訂購數量表。

8. 代工製造成本估算

　　(1) 各項成本及總成本估算。

　　(2) 單片成本估算。

9. 單片售價暫訂目標價。

10. 單片毛利率及毛利額預估。

11. 明年度（4～12 月）預計銷售量及銷售額列示。

12. 明年度（4～12 月）預計面膜損益（盈虧）概況列示。

13. 自有品牌面膜開發及上市行銷專案小組組織表及人員分工配置表列示。

五、本公司開發自有品牌面膜產品的未來 3 年中期計劃方針與主軸策略說明

六、結語與裁示

案例 7 某大型藥妝連鎖店「自有品牌」與「獨家品牌」操作企劃案 ──

一、今年度最重要的經營重心二大點

1. 擴大自有品牌操作政策。
2. 擴大引進獨家品牌操作策略。

二、擴大「自有品牌」操作策略與計劃

1. 目前自有品牌佔營收額比例約 5%。
2. 自有品牌現況檢討
   (1) 自有品牌各項產品與品項營收額及佔比分析。
   (2) 自有品牌消費者端的使用評價分析說明。
   (3) 自有品牌各項產品毛利率分析及貢獻分析。
   (4) 自有品牌委外代工現況分析。
3. 主力競爭對手（○○○）自有品牌推展狀況，以及與本公司的競爭比較分析。
4. 未來自有品牌的成長空間分析。
5. 未來自有品牌擴張的產品組合方向說明。
6. 3 年內自有品牌佔營收額比例的挑戰目標：從 5%→提升到 10%。
7. 未來自有品牌尋求成長的行銷操作手法說明
   (1) 產品策略。
   (2) 品牌命名策略。
   (3) 產品宣傳策略。
   (4) 與會員卡結合策略。
   (5) 促銷活動舉辦策略。
   (6) 店頭門市布置策略。
   (7) 定價策略。
   (8) 公關媒體報導策略。
   (9) 代工成本控制策略。
   (10) 包裝策略。
   (11) 品質策略。

(12) OEM 供應商代工策略。

8. 未來自有品牌成長需求下的組織與人力擴編計劃

(1) 商品開發部：增編○○名人員。

(2) 行銷企劃部：增編○○名人員。

三、擴大「獨家品牌」操作策略與計劃

1. 目前獨家引進國外品牌：品牌數超過 30 個，營收額佔比 8%。

2. 未來獨家品牌尋求成長的操作計劃

(1) 商品開發計劃說明。

(2) 商品銷售計劃說明。

(3) 商品行銷企劃操作說明。

(4) 未來獨家品牌佔營收額比例的挑戰目標：從 8% →提升到 15%。

四、擴大自有品牌與獨家品牌經營所帶來的具體效益分析

1. 提升毛利率及純益率。

2. 吸引尋找低價與平價產品的新客層。

3. 迎合 M 型化社會及全球經濟不景氣下之最佳對策。

4. 保持總體營收額持續成長的要求。

5. 建立自己的產品產銷供應鏈，並深化與製造代工廠良好關係。

6. 建立自身連鎖店的產品特色與差異化。

7. 建立國外產品代理商的角色實力。

8. 鍛鍊商品開發部組織的潛能。

9. 穩固公司更長遠的永續經營。

五、結語與裁示

案例 8 某藥妝連鎖公司「門市改裝」企劃案 ─────────────

一、門市改裝需求與背景分析

1. 主力競爭對手（○○○）近年門市全面改裝的競爭壓力分析。

2. 本公司連鎖店部分店面已漸趨老化，難以吸引年輕族群之分析。

二、今年度門市改裝計劃內容

1. 今年度預計改裝的門市店總家數、分布地區及詳細店址。

2. 預計改裝的重點部位：店招外頭及店內部的改裝與裝潢說明。

3. 預計改裝（120 家）的時程表列示。

4. 預計改裝的總預算列示：總投資預計約○○○億元，以及今年度十二個月分內各月分的改裝預算表。

5. 改裝工程的專案小組組織表及分工職掌（計有：採購組、監工組、店頭組、財會組及企劃組）。

6. 改裝前與改裝後的電腦動畫圖示參考圖。

三、門市改裝的影響評估與效益評估

1. ○○○億元折舊攤提對每月損益表折舊費用增加的影響評估。

2. 財務資金準備來源說明。

3. 門市改裝後的正面效益評估

(1) 對本公司整體企業形象的助益。

(2) 對門市店營業戰力與業績維繫及提升的助益。

(3) 對與主力競爭對手競爭優勢超越的助益。

四、結語與裁示

案例 9　臺灣面膜市場商機分析報告案 ──────────

一、臺灣面膜市場總產值分析

1. 面膜總生產量分析。
2. 面膜總銷售量與銷售額分析。

二、臺灣面膜市場產業價值鏈分析及成本結構分析

1. 面膜上、中、下游產業結構分析。
2. 面膜主力生產業者分析。
3. 面膜成本結構分析。

三、臺灣面膜市場主要競爭對手分析

1. 前三大面膜品牌競爭力分析。
2. 零售商自有品牌面膜競爭力分析。

四、臺灣面膜行銷通路結構分析

1. 開架式通路。
2. 電視購物通路。
3. 網路購物通路。
4. 專櫃通路。
5. 其他通路。

五、臺灣面膜產品類型與佔比結構分析

1. 紙面膜與非紙面膜。
2. 美白型面膜與其他型面膜。

六、臺灣面膜價格結構分析

    1. 高價位面膜。

    2. 低價位面膜。

    3. 中價位面膜。

七、臺灣面膜消費市場未來成長前景預估與成長因子分析

八、臺灣面膜使用者（消費者）結構分析

九、臺灣面膜市場行銷策略與商機分析

十、本公司面對臺灣面膜商機的因應對策建議

    1. 製造（委製）策略。

    2. 產品規劃策略。

    3. 定價規劃策略。

    4. 通路規劃策略。

    5. 推廣規劃策略。

    6. 預計上市日期策略。

    7. 預計前 3 年可銷售金額狀況。

    8. 預計前 3 年損益狀況。

十一、結語與裁示

案例 10 某連鎖藥妝店當年度「拼兩位數成長」營運計劃書────

一、近 3 年營收業績與獲利成長的概況說明

1. 營收成長概況。
2. 獲利成長概況。

二、去年整體經濟環境、消費環境與競爭環境深入剖析

1. 經濟環境。
2. 消費環境。
3. 競爭環境。

三、本公司面對今年的 SWOT 條件分析

1. 本公司的相對性優勢與劣勢。
2. 本公司面對外部環境下的新商機與潛在威脅。

四、朝二位數成長的各種經濟與行銷對策說明

1. 持續展店策略與計劃說明
   (1) 去年全臺總店數已達 271 店，今年將突破 300 店。
   (2) 拓店計劃數量目標
      北、中、南、東四大區塊負責拓店數量目標為：○○店、○○店、○○店、○○店。
   (2) 拓店組織與人力加強計劃。
2. 增強主題行銷與促銷活動之舉辦
   研訂年度十二個月，月月都有大型行銷活動舉辦，如附件計劃（略）。
3. 增加廣宣預算投入計劃
   今年全年度廣告宣傳預算將較去年○○○○萬元，增加 100%，全面開火投入，配合各項行銷活動，拉抬業績。
4. 加強服務的專業性與顧客滿意度計劃，加強人員培訓作業。

5. 持續形塑藥妝第一品牌的形象操作計劃。

6. 大幅改革產品組合與產品結構，全面提升商品力。

7. 強力要求供貨廠商配合每月的促銷活動之降價、特惠價、抽獎、贈品、紅利積點等活動。

8. 專題打造康是美會員卡活卡率之行銷活動，強化會員經營效能。

五、配合成長要求的本公司組織結構、組織單位及人力編製調整與改革計劃說明

六、朝向各店 BU 責任利潤中心組織制度與獎勵制度辦法說明

七、今年度業績及損益表（每月別）預估說明

八、今年度重大事項時程進度要求

九、結語與裁示

💡 第七節　其他類

案例 1　某加盟創業計劃書

一、加盟總部之分析

1. 公司簡介
   (1) 企業沿革。
   (2) 組織架構。
   (3) 經營理念。
   (4) 成功之道。
   (5) 企業現況。
   (6) 未來發展。
2. 經營方式。

二、創業資金來源

1. 所需創業資金。
2. 創業資金來源。

三、設定各階段目標

1. 企劃實施時間計劃。
2. 營運目標。
3. 經營方式。

四、財務規劃

1. 開辦費。
2. 人事費用。
3. 營業收入計劃。

4. 回收期間。

5. 損益表。

五、經營權模式建立

1. 經營型態。

2. 經營團隊。

六、經營風險評估

1. 整體風險評估。

2. 加盟○○○○ SWOT 分析。

3. 商圈環境 SWOT 分析。

七、結論

附錄一　資料來源（略）。

附錄二　加盟方式簡表（略）。

附錄三　青年創業貸款（略）。

附錄四　產品介紹（略）。

案例 2　某公司週年慶活動「績效檢討」報告書 ────────

一、本次週年慶成效檢討

1. 營收額成效檢討。
2. 來客數成效檢討。
3. 客單價成效檢討。
4. 獲利成效檢討。
5. 區域性成效檢討。
6. 會員人數成效檢討。
7. 投入成本成效檢討。
8. 小結。

二、本次週年慶各部門動員狀況檢討

1. 營運單位。
2. 非營運單位。

三、本次週年慶能夠順利達成原訂目標之原因分析

1. 促銷活動吸引成功。
2. 廣告宣傳及公關報導成功。
3. 異業資源合作成功。
4. 環境與市場因素。

四、本次週年慶尚待改善的缺失分析

1. 現場店面缺失。
2. 行政支援面缺失。

五、總結論

六、恭請裁示

案例 3 對國內 SPA「產業狀況」研究分析報告書 ——————

一、前言

二、SPA 的定義及分類

三、SPA 產業國內主要競爭廠商分析

1. 登琪爾分析。
2. BEING SPA 分析。
3. 施舒雅分析。
4. 雅芳 SPA 分析。
5. 自然美 SPA 分析。
6. 其他業者。

四、SPA 市場消費者輪廓分析

五、SPA 產業未來趨勢

1. 國際大品牌紛紛蓄勢進入市場。
2. 從美麗到健康。

六、結論與建議

1. 確認本公司 SPA 的市場區隔、目標市場、定位。
2. 成立 SPA 美容學院，強化美容芳療師訓練及人才培訓。
3. 回歸產品功效與天然成分的研發重點。
4. 明確的整合行銷傳播策略：(1) 會員管理與資料庫行銷；(2) 會員卡策略；(3) 代言人策略；(4) 事件行銷；(5) 廣告策略。
5. 建置本公司 SPA 網站。

案例 4　某公司「合組新公司」發起人會議之「策略規劃」報告書 ———

一、合組公司願景（Vision）：臺灣福命事業最大行銷平臺第一品牌領航者。

二、合組公司的使命（Mission）與宗旨。

三、合組新公司的經營理念。

四、合組公司定位（Positioning）。

五、合組新公司的四大角色與功能。

六、合組公司上、下游大平臺整合事業發展策略藍圖。

七、合組公司的經營目標展望。

八、未來合組新公司組織架構及經營團隊初擬（短期組織）。

九、合組公司資本額規劃與時程規劃。

十、未來合組公司名稱。

十一、行銷大平臺的銷售管道。

十二、行銷大平臺的銷售產品。

十三、未來合組公司的業務拓展步驟。

十四、協力公司○○○保險公司的發展願景（Vision）。

十五、合組公司核心競爭力（Core-Competence）檢視。

十六、○○○所提供的強項、優勢說明。

十七、合組公司關鍵成功因素（KSF）分析。

十八、○○○保險公司的媒體績效。

十九、合組公司遠程事業發展策略與計劃方向。

二十、合組公司未來 3 年損益表預估。

二十一、結語：齊心合力，成功指日可待。

二十二、附件一至附件四（略）。

案例 5 　某公司拓展中國市場「經營企劃案」

一、四大區塊的負責組織、單位、人員配置及人力需求說明（專責人力、組織）。

二、四大區塊經營環境、產業及市場環境評析（環境分析）。

三、四大區塊的策略聯盟合作的優先重點事項規劃說明（優先工作事項）。

四、四大區塊的階段性發展策略及發展目標說明（策略與目標）。

五、四大區塊的具體業務拓展計劃：短、中、長期計劃及做法大綱說明（業務計劃）（設：短期：2021～2023 年；中長期：2023～2030 年）。

六、四大區塊業務發展的預算概估規劃（預算）。

七、四大區塊短期及中長期的可能性效益評估分析（效益）。

八、四大區塊與臺北總公司的資源整合發揮綜效及資源請求說明（資源整合與資源需求）。

九、主要業務推展的時程表概估（時間表進度）。

十、結語。

十一、中國市場四大區塊

　1. 長三角：指上海市、江蘇省、浙江省等三個地方為主軸，人口總規模為 1 億 8000 萬人。

　2. 珠三角：指廣東省及深圳市，人口總規模為 8000 萬人。

　3. 福建省：為專門合作窗口省，人口總規模為 4000 萬人。

　4. 北京及渤海灣區：指北京、天津、青島、大連、瀋陽等，人口總規模為 1 億人。

案例6　某加盟連鎖 SPA 公司「每月營運績效檢討」報告書 —————

一、加盟「店數」業績檢討分析

1. 上個月淨增加店數分析。
2. 分析累計加盟店數。
3. 實際店數與預算目標店數差異分析。

二、「加盟金收入」業績檢討分析

1. 累計○○月至○○月加盟金收入：計○○○○○萬元。
2. 實際加盟金收入與預算目標金額差異分析。
3. 本期收入與去年同期比較：淨增加○○％，○○萬元。

三、「產品銷售」業績檢討分析

1. 累計○○月至○○月產品銷售收入：計○○％，○○萬元。
2. 上個月產品銷售業績分析。

四、「損益」績效檢討分析

1. 上個月損益分析：共獲利○○○萬元。
2. 累計○○月至○○月損益分析：共獲利○○○○萬元。
3. 實際獲利與預算目標差異分析。
4. ○○月至○○月獲利與去年同期比較分析：淨增加○○○○萬元，成長比例為
　 ○○％。

五、本公司店數市佔率與同業競爭者比較分析列表

六、相關部門工作績效重點描述

1. 展業部門（加盟業務部）工作績效重點說明。
2. 廣宣部門工作績效重點說明。
3. 產品開發部門工作績效重點說明。
4. 教育訓練部門工作績效重點說明。
5. 資訊部門工作績效重點說明。
6. 稽核部門工作績效重點說明。
7. 加盟店營運輔導部門工作績效重點說明。

七、未來 SPA 市場開發趨勢與消費趨勢分析說明暨本公司因應對策研討說明

八、本月分營運重點工作事項與計劃內容概述說明

九、結論

十、恭請核示

案例 7　某中小型貿易代理商「業績無法突破」檢討報告案 ————

一、近 3 年來本公司業績停滯數據分析表

1. 第一年：營收額○○千萬元，虧損○○百萬元。
2. 第二年：營收額○○千萬元，虧損○○百萬元。
3. 第三年：營收額○○千萬元，虧損○○百萬元。
4. 合計：3 年來累虧○○千萬元。

二、累虧原因分析

1. 從財務面分析
   (1) 營收額偏低。
   (2) 業績未明顯成長。
   (3) 毛利額無法 cover 管銷費用。
2. 從營業面分析
   (1) 通路據點仍不足。
   (2) 通路經銷商不夠強。
   (3) 產品品牌知名度低。
   (4) 產品品項仍偏少。
   (5) 定價偏高。
   (6) 沒有廣告支持。
   (7) 營業組織戰力仍弱。
   (8) 缺乏行銷企劃人員支援。
   (9) 產品組合不足。

三、未來改善的對策

1. 通路對策
   (1) 以優惠條件爭取更多全國性優良經銷商。
   (2) 加速擴大零售通路的全面上架。

2. 廣宣對策

(1) 成立行銷企劃部，增聘 3 名員工。

(2) 今年提撥廣告費 1000 萬元，以公車廣告、○○報紙廣告及促銷抽獎活動為主軸，希望提升本公司產品品牌知名度，以利銷售。

3. 定價對策

爭取向海外公司要求產品出口價格下降一成的目標，以利國內銷售價格也調降一成。

4. 產品對策

增加產品組合的形成，積極要求海外公司的配合。

5. 業務組織對策

(1) 業務部門組織重新改組，並同時擴增北、中、南業務人員各 1 名。

(2) 修正業績獎金制度，以發揮更大激勵效果。

四、本公司產品仍具有的優勢

1. 產品品質佳，整體產品力並不遜於現在的領導品牌。

2. 海外原廠公司係當地國知名廠商，可以善加利用及宣傳。

3. 消費者並不排斥國外品牌，國外品牌反而有優勢，只是知名度太低。

五、各項重大改善對策的分工表及要求完成時程表

六、預計未來 3 年（第 4～6 年）業績及虧損改善後的數據分析表

1. 未來 3 年的損益表分析及說明。

2. 轉虧為盈的原因說明。

3. 業績挑戰的 3 年新目標。

七、結論與裁示

案例 8　台塑公司「企業社會責任」報告書大綱

一、行政中心全體委員的話——經營一個堅守品德的卓越企業

二、成果與榮耀——環保

台塑、台塑石化、南亞、台化、華亞科技等公司，榮獲經濟部頒獎環保績優廠商事實及圖片。

三、成果與榮耀——社會公益

台塑企業捐助、補助、獎勵、贊助及協助各弱勢公益團體、基金會、機構及學生等事實及圖片。

四、企業社會責任工作推動中心及承諾

推動組織架構包括：(1) 召集人、副召集人；(2) 基金會；(3) 造林小組；(4) 節能減碳小組。

五、環境保護

1. 做一個節能減碳與友善環境的企業。
2. 許地球一個永續的未來。

六、公司治理

1. 做一個給員工幸福、讓投資者信賴的企業。
2. 勇於承擔，開創新局。

七、社會公益

1. 做一個取之於社會，用之於社會的企業。
2. 形塑一個更溫暖的社會。

案例9 某直營連鎖店「降低成本」規劃案

一、降低成本專案緣起

1. 面臨空前景氣低迷。
2. 面臨本公司近期營收連續衰退二成的壓力。
3. 展望未來 1～2 年內，市場景氣仍難回復。

二、降低成本總目標設定

　　預計降低進貨成本 5% 及管銷費用 10%，本公司才能達成每月損益平衡目標，必須確保不能虧損的基調。

三、降低成本三大措施與計劃

1. 人力精簡（資遣）計劃
   (1) 預計每個部門單位，人力精簡以 10% 為基礎目標，且可以超過，不可以減少。
   (2) 預計 1 個月內完成資遣行動。
   (3) 所有資遣人員均依照勞基法規範。
   (4) 人力精簡後，預計將精簡○○○人，平均月薪以○○萬元計，合計可每月降低○○○萬元人力薪資成本。
2. 原物料進貨成本降低計劃
   預計向上游供貨廠商要求降低原物料進貨價格，以 5% 為目標。
3. 管銷費用降低計劃
   (1) 管銷費用預計每月降低 10% 為目標。
   (2) 管銷費用降低項目
   　　①大樓辦公室房租，降低 10%。
   　　②主管交際公關費，除專案申請外，一律取消，每月可省○○○萬元。
   　　③影印機租賃費用，降低 10%。
   　　④文具採購費用，降低 10%。

⑤幕僚人員加班費一律取消，改採責任制。

⑥不休假獎金一律取消。

⑦員工福利金一律減半支付。

⑧經理級以上主管薪資，降低 10%，一律改採九成支付。

⑨廣告宣傳費降低 30% 支出，按原訂預算 70% 支用。

(3) 上述管銷費用每月可減少支用○○○萬元。

四、數據效益評估

預計採取三大措施之後，今年度將可合計節省○○○萬元，佔總營收比例為○○○ %，可望達成今年度損益平衡點而不至於虧損。

五、降低成本專案推動小組組織表，並由總經理擔任召集人

六、結語與裁示

案例 10 某臺商在中國建立臺商商品供應平臺新創事業體營運計劃書 撰寫大綱

一、○○企業發展有限公司上海營運總部篇

（撰寫組：產業與市場組）

○○企業發展有限公司上海貨堆場暨物流中心發展沿革、經營現況、經營績效、上海營運總部，以及未來事業發展前瞻說明。

二、中國相關產業與市場現況分析篇

（撰寫組：產業與市場組）

中國上海地區物流中心產業、電視購物產業暨臺商商品產業現況、市場現況、業者現況、供需現況、流通渠道、法令現況、收費現況、成本與利潤現況、產品需求與流行現況、宅配現況及消費者現況之分析說明。

三、本事業體營運模式（Business Model）分析暨籌備組織架構與管理團隊簡介

（撰寫組：產業與市場組）

（一）本事業體營運模式與收入模式可行性分析
（二）本事業體籌備組織架構與人力配置
（三）本事業體管理團隊成員學經歷簡介

四、○○國際公司上海物流中心大平臺營業計劃篇

（一）臺商特色廠商招商計劃（撰寫組：臺商招商組）
　1.臺灣臺商招商計劃與招商對象
　　(1) 珠寶廠商。
　　(2) 手錶廠商。
　　(3) 保養美容廠商。
　　(4) 保健食品廠商。

(5) 土特產品廠商。

2. 中國特色臺商招商對象與招商計劃。

3. 招商辦法、招商規範、招商服務手續費及相關說明。

4. 招商營業部組織架構，人力配置及工作職掌說明。

5. 未來三年（2009～2011 年）預計招商數量及上架電視購物服務抽成費收入預估。

6. 提供招商廠商一條龍服務項目及附加價值說明。

7. 招商廠商中長期擴張延伸方針、對象及策略說明。

（二）電視購物頻道上架與時段開發計劃（撰寫組：頻道開發組）

1. 初期計劃

中國華東地區（以上海爲中心點）各省市電視購物公司及電視媒體公司業者現況分析、購物時段分析、合作對象分析、合作條件分析、上架條件分析及成本與效益分析。

2. 中長期計劃

拓展至華北地區（以北京爲中心點）及華南地區（以廣州爲中心點）之上述各項狀況分析。

3. 頻道開發業務部組織架構、人力配置及工作職掌說明。

4. 未來 3 年（2009～2011 年）預計頻道開發數量預估。

（三）臺商廠商融資與租賃業務計劃（撰寫組：財務規劃組）

1. 融資資金來源與基金（fund）計劃之說明。

2. 臺商廠商申請融資條件及融資辦法說明。

3. 未來 3 年預估申請融資數量及服務手續費收入預估。

（四）倉儲、物流及品管業務計劃（撰寫組：物流堆場組）

1. 臺商廠商商品進貨儲存、出貨品管及配送物流標準作業流程（SOP）與相關管理辦法。

2. 未來 3 年預估倉儲費、物流費及品管費收入與成本預估。

五、本事業體與○○電視購物集團的合作計劃說明

（撰寫組：媒體通路／頻道開發組）

（一）○○資訊 3C 連鎖集團與電視購物發展計劃簡介
（二）本平臺與○○集團各項合作計劃說明

六、財務規劃與損益預估

（撰寫組：財務規劃組）

（一）投資架構說明（資本額、股東……）
（二）平臺公司（上海○○企業）未來 3 年整體損益表預估
（三）平臺公司未來 3 年現金流量表預估
（四）平臺公司損益平衡點分析說明
（五）平臺公司投資報酬率（ROI）及投資回收年限預估
（六）平臺公司預計 4 年後與上海貨櫃堆場事業公司合併在香港申請上市之資本市
　　　場策略效益初步分析

七、平臺公司贏的關鍵成功因素

（撰寫組：產業與市場組）

（一）臺商數量與上架時段雙雙達到規模經濟效益化
（二）尋找受中國消費者喜愛的特色臺商商品力
（三）優質化、快速化及一條龍的完整服務價值

八、成長型企業戰略規劃

（撰寫組：產業與市場組）

　　——中長期（2012～2015 年）（第二個 4 年）
　　　平臺公司發展策略及前瞻

（一）地區複製化（duplicate）經營

1. 起始點：上海。

2. 複製延伸地區：廣州、福州、青島及大連等四個地區。

（二）前瞻願景

　　成為臺商商品在全中國各地區虛擬通路銷售（包括電視購物通路及網路購物通路）的匯聚大平臺及營業額，營業量最大的第一品牌供應公司。

九、預計主要工作時程表

（一）各工作小組工作時程表
（二）預計○○年第一季正式營運

十、結語

十一、參考附件（略）

案例 11　某臺商公司委外產業調查研究規劃案——發展上海地區保稅倉庫、冷凍冷藏、物流中心投資事業之研究規劃

日期：2009.01.07

一、本案緣起

臺北○○○國際（股）公司以臺灣地區的穀物港口倉儲及國際散裝航運事業爲二大主軸，累積相當之港埠儲運相關業務之經驗與資源。另外，在上海地區之轉投資事業○○○企業發展（上海）公司，亦經營貨櫃集裝箱儲運與貨代等事業。鑑於兩岸經貿關係日益緊密，中國地區消費市場將持續成長之下，○○○國際公司擬以前瞻性之眼光，就其現有於上海地區之事業已發展之核心能力爲基礎，進一步尋求及發展周邊相關事業多角化之可行性與規劃方案，以確保○○○國際公司未來長程的成長，故產生本項研究規劃案之需求。

二、委外研究規劃之目的與目標

（一）請提出在「兩岸大三通」啟動下，○○○企業發展（上海）公司現有本業之擴展及相關關聯性的可開發事業商機爲何？惟請集中在物流與倉儲事業領域爲主軸；如兩岸農產品特別是生鮮蔬果類產品開放互爲進出口而衍生之兩岸港埠冷凍、冷藏倉儲事業等。

（二）針對○○○企業發展（上海）公司將來在上海地區發展保稅倉庫、冷凍冷藏及物流中心等新事業商機之評估，進行可行性規劃與研究。

三、研究案屬性

本案屬於「產業、市場調查」報告兼及「新事業發展可行性」規劃研究案。

四、報告大綱

（一）中國各主要港口與臺灣地區間兩岸進出口貿易現狀與發展趨勢分析

主要內容包含中國各主要港口與臺灣地區間兩岸進出口貿易金額、項目與種

類的現狀分析，以及未來的發展趨勢與預測。其中，由於長三角地區所處地位和發展的戰略重要性，應作重點描述。此外，進出口貿易中應按照本報告所界定的物件（集裝箱儲運與貨代、保稅倉庫、冷凍冷藏及物流中心產業）分類細化。

（二）上海地區集裝箱儲運與貨代、保稅倉庫、冷凍冷藏，以及物流中心產業的市場調查

1. 國家及上海市政府對上海地區物流產業發展政策環境分析（十一五發展規劃）

   主要內容有集裝箱儲運與貨代產業的發展政策（含配套政策）環境分析，以及保稅倉庫的政策環境分析和配套政策分析。其中，保稅倉庫的配套政策分析是其重點內容，如出口退稅等政策分析。

   對於冷凍冷藏及物流產業，其研究重點是支持其產業發展的技術環境分析，如冷藏冷凍技術、低溫倉庫與低溫物流中心和冷鏈物流資訊等關鍵技術。

2. 上海地區集裝箱儲運與貨代、保稅倉庫、冷凍冷藏，以及物流中心產業的發展現狀

   主要內容有集裝箱儲運與貨代市場的現狀分析，如市場規模、存在問題和發展模式等，以及按照保稅倉庫的不同功能，如保稅倉儲、保稅物流、保稅淺加工、保稅貿易等，對保稅倉庫的市場現狀進行分析，如市場規模、出入庫貨運量，存在問題、發展模式等；而對於冷凍冷藏市場，除了其市場規模、可納容量，研究重點主要是其地理位置的選擇等。

3. 市場主要經營者經營（財務、成本）現狀、營運模式分析

   主要內容為行業競爭格局分析和重點企業競爭力分析，即現有企業間競爭、潛在進入者分析、替代品威脅分析，供應商議價能力和客戶議價能力等內容。

4. 市場上、中、下游產業結構分析

   分別按照本報告所界定的研究物件（集裝箱儲運與貨代、保稅倉庫、冷凍冷藏及物流中心產業）作縱向比較（上、下游產業結構分析）和橫向比較（中游產業結構分析）。

5. 市場歷年成長狀況分析

   取適當時間區間，作量化分析。

6. 市場供需狀況與未來前景性分析

   按照本報告所界定的物件（集裝箱儲運與貨代、保稅倉庫、冷凍冷藏及物流中

心產業）分類細化。

7. 市場成本結構分析

　　主要內容包含不同行業物流成本分析和物流成本結構分析。

8. 市場政策法令分析（含政府獎勵與優惠政策）

　　主要內容包含工商、海關、核對總和稅收等政策法令分析。

9. 市場人才來源分析。

10. 市場競爭條件與 K.S.F（關鍵成功因素）分析

　　主要內容包含競爭者的行銷目標、競爭者的行銷假設、競爭者的現行戰略、競爭者的行銷能力和競爭者的反應情況等分析。

11. 市場及 B2B 顧客來源、業務來源及獲利來源分析。

12. 市場商機與方向的綜合評估。

（三）○○○國際與○○○企業發展（上海）公司現有資源與能力的評估在對企業內部優勢、劣勢進行分析的基礎上，本部分內容應突顯其在市場競爭環境下，○○○國際與○○○企業發展（上海）公司的差別化發展策略。

（四）兩岸大三通架構下，○○○國際公司利用其現有優勢來發展新商機的規劃建議

1. 行業發展機遇：行業分析、主要業務、行業問題、行業前景。

2. 企業發展模式：發展模式的選擇。

3. 行業競爭結構分析：生產要素、需求條件、支援與相關產業。

五、時程安排

（一）2009 年 1 月 30 日前定案（包括經雙方確定之研究計劃內容、企劃書及合約書）。

（二）2009 年 2～6 月為實地規劃研究期間（5 個月期間）。

（三）期中報告日期：2008 年 4 月底。

（四）2009 年 7 月初完成期末報告，並於上海聽取報告。

六、專案預算

預算科目	金額（萬元）	內　　容
科研業務費	100	調研、出差、實地考察等
諮詢費	20	專家諮詢、資料費、檢索費等
勞務費	30	人員支出等
管理費	50	總額的 25%
合計	200	

七、參與人員

委託方（○○○國際公司）：

（一）主辦：總管理室企劃處

（二）協辦：中國事業部物流事業處（上海東企）、總管理室投資處

（三）指導：○○○顧問

委託方人員將於專案期間採不定期機動方式赴中國共同參與本案。

受託執行單位：○○○公司

專案諮詢顧問：趙怡教授

姓名	性別	專業	職稱	學位
奚立峰	男	工業工程	教授	博士
陸志強	男	物流工程	副教授	博士
俞雷霖	女	物流工程	副教授	碩士
葉衛東	男	物流工程	講師	碩士
尹　飛	男	工業工程	講師	本科
夏妍春	女	工業工程	講師	博士

八、研究方法暨各類資料來源物件說明

（一）研究方法

1. 文獻法

透過對文獻進行查閱、分析、整理，從而找出事物本質屬性的一種研究方法。由於本報告涉及對外貿易、企業戰略規劃、物流行業發展等知識理論，因而需要從大量的文獻資料中挖掘出本報告所需資料，尤其是國家關於物流行業發展的各種政策法令文獻。

2. 實證分析法

實證分析法具有兩個明顯的特點：一是透過對體驗事實的觀察、分析，並以此為依據來建立和檢驗各種理論；二是在事實領域外，則運用邏輯和純數學知識。實證分析的主要方法有：社會調查、歷史分析和邏輯分析。

3. 比較的方法

比較有兩種常用形式，一是橫向的比較，二是縱向的比較。比較研究法，對於認識和完善市場上、中、下游產業結構分析，以及從不同的行業發展模式中抽取共同的發展策略原則具有重要意義。

4. 問卷調查法。

5. 專業機構與人員訪談。

（二）上海地區各類資料的來源物件

1. 各種原始資料的廣泛蒐集，調查、分析及總結
   - 上海市政府相關政策單位、職能部門、管理單位的人員。
   - 上海市集裝箱儲運與貨代、保稅倉庫、冷凍冷藏等物流產業的行業協會人員。
   - 上海市集裝箱儲運與貨代、保稅倉庫、冷凍冷藏等物流產業的公司經營與從業人員。
   - 上海市現有物流產業的上、中、下游相關公司及從業人員。
   - 上海市現有相關專業研究機構人員。
   - 上海市相關學者專家。

2. 各種次級資料的廣泛蒐集、調查、分析及總結
   - 上海市政府發布的各類政府白皮書及決策報告。
   - 上海市相關專業研究機構發布的研究報告。
   - 權威媒體（平面、數位）發布的各類相關資訊。

案例 12　某高科技公司「企業社會責任」報告書───────────

一、前言

二、企業社會責任的組織編組

三、環保、安全與衛生管理範疇

（一）環境保護

1. 溫室效應體盤查及排放減量。
2. 空氣及水汙染防治。
3. 水資源節約。
4. 廢棄物管理與資源回收。
5. 綠色採購。
6. 建立環境會計制度。
7. 新廠房建物設計採「綠建築標準」及「節能環保設計標準」。
8. 環保法規完全符合性記錄。

（二）安全與衛生

1. 安全與衛生管理制度。
2. 工作環境與員工安全保護
   (1) 製程、廠務、資訊技術使用之硬體安全設施。
   (2) 一般安全管理及訓練與稽核。
   (3) 作業環境量測。
   (4) 緊急應變程序。
   (5) 員工健康促進。
3. 供應商及承攬商管理。
4. ○○年環保、安全及衛生獲獎記錄（水利署、經濟部工業局、環保署、竹科）。

四、本公司文教基金會

（一）人才培育

1.打造科學資優人才。

2.培育國際人才。

3.偏遠地區美育之旅。

（二）藝文推廣

1.贊助「全國文學營」活動。

2.舉辦「青年學生文學獎」活動。

3.舉辦「文學沙龍」活動。

（三）社區營造

1.舉辦「○○心築藝術季」社區藝文活動。

2.舉辦「迎向心築慈善音樂會」。

（四）○○志工

1.導覽志工（臺中科博館）。

2.導讀志工（偏遠地區國小學童）。

五、○○年度企業社會責任投入金額與人力

六、明年度展望與結語

案例 13　某公司「短、中、長期策略發展」計劃架構（2021～2025 年）-

一、整體策略發展六大原則

1. 現金為王：不景氣時期，秉持現金持有在手為優先原則。
2. 資產變現及運用：出售已獲利之資產，以及短、中、長期均不看好的轉投資事業或資產，以增加公司現金，俾變現後移轉至更高獲利之事業。
3. 勒緊褲帶過冬：儘量控制不必要的資本支出。
4. 創新深化企業優勢：持續研發、評估中國及臺灣未來發展新商機及新事業的可行性。配合自 98 年度起改行「利潤中心制」體制，各部門應思考其業務創新與開拓業務之策略，以增加獲利。
5. 謀定而後動：各項新舊事業發展，應排出優先順序（Priority）及短、中、長期計劃方針。
6. 人力資源績效強化：持續精實人力並提升人員生產力。

二、短期計劃（2021 年）

1. ○○事業部營運計劃方向、策略及財務預測說明。
2. ○○事業部營運計劃方向、策略及財務預測說明。

三、中長期計劃（2022～2025 年）

1. 產品線擴張延伸計劃說明。
2. 海外新市場擴張延伸計劃說明。
3. 進軍中國市場計劃說明。
4. 總公司及各轉投資子公司組織精簡計劃說明。
5. 集團資源整合運用計劃說明。
6. 子公司上市計劃說明。
7. 未來 3 年資金總需求及時程表。

四、結語與裁示

案例 14 某保險代理公司編製「公司簡介」大綱企劃案

一、簡介用途

1. 提供給下游電視購物通路業者參考（東森、momo、ViVa）。
2. 提供給上游各大國內外壽險公司參考。
3. 提供給策略聯盟合作公司參考。
4. 提供給外部參訪公司及其他相關公司參考。
5. 提供給新進員工教育訓練教材之用。

二、簡介內容大綱

1. 成立沿革介紹。
2. 經營現況說明
   (1) 組織架構。
   (2) 營運模式（Business Model）介紹。
   (3) 歷年保費代理銷售及業績成長概況。
   (4) 歷年保戶整體服務滿意度調查的優良成果。
   (5) 媒體製作事業體之營運、特色概況說明。
   (6) 電話行銷事業體之營運、特色概況說明。
   (7) 實體通路策略聯盟事業體之營運、特色概況說明。
3. 公司的經營定位（Positioining）與競爭優勢（Competitive Advantage）之說明。
4. 歷年累積的保戶人數、成長概況分析。
5. 對保戶顧客資料庫及顧客關係管理（CRM）之 IT 建置與運用說明。
6. 面對未來的經營展望
   (1) 面對保險產業與保險市場環境變化分析。
   (2) SWOT 分析。
   (3) 未來 3 年（2021～2023 年）中期經營計劃贏的競爭策略分析暨其價值鏈中的策略聯盟夥伴合作方針。
   (4) 公司長遠的核心價值所在分析
      ① 保戶價值。

　　　　②媒體保險價值。

　　　　③電行價值。

　　　　④ IT 價值。

　　　　⑤品牌價值。

　　(5) 公司未來長期的發展願景（Vision）。

　7. 結語：迎向國內保險代理行銷虛實通路合一的第一品牌公司。

三、撰寫小組成員

　1. 督導：董事長。

　2. 核稿：總經理、顧問。

　3. 執行：企劃人員及其他相關部門人員提供資料與意見。

四、完成日期

　預計 1 個月後（10/22）完成初稿，送呈核定。

五、撰寫方式

　以 PowerPoint 及 Word 兩種並行。

六、未來計劃

　明年另行製作簡介影片。

國家圖書館出版品預行編目資料

經營策略企劃案撰寫：理論與實務／戴國良
著. -- 初版. -- 臺北市：五南圖書出版股
份有限公司, 2021.08
　面；　公分
ISBN 978-626-317-042-1（平裝）

1.企劃書　2.企業經營　3.策略管理
4.個案分析

494.1　　　　　　　　　　　110012633

1FSN

經營策略企劃案撰寫：理論與實務

作　　　者 ─ 戴國良

發 行 人 ─ 楊榮川

總 經 理 ─ 楊士清

總 編 輯 ─ 楊秀麗

主　　　輯 ─ 侯家嵐

責任編輯 ─ 侯家嵐、鄭乃甄

文字校對 ─ 陳俐君

封面設計 ─ 姚孝慈

出 版 者 ─ 五南圖書出版股份有限公司

地　　　址：106台北市大安區和平東路二段339號4樓

電　　　話：(02)2705-5066　　傳　　真：(02)2706-6100

網　　　址：https://www.wunan.com.tw

電子郵件：wunan@wunan.com.tw

劃撥帳號：01068953

戶　　　名：五南圖書出版股份有限公司

法律顧問　林勝安律師事務所　林勝安律師

出版日期　2021年8月初版一刷

定　　　價　新臺幣480元

經典永恆·名著常在

五十週年的獻禮——經典名著文庫

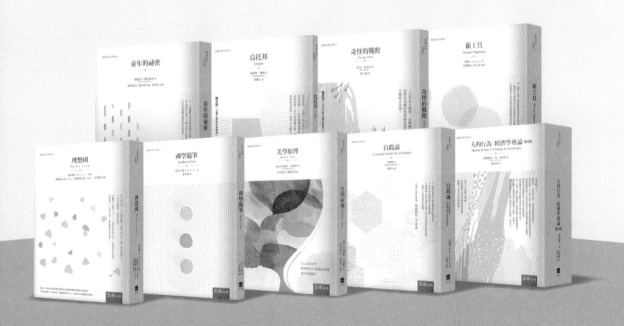

五南，五十年了，半個世紀，人生旅程的一大半，走過來了。

思索著，邁向百年的未來歷程，能為知識界、文化學術界作些什麼？

在速食文化的生態下，有什麼值得讓人雋永品味的？

歷代經典·當今名著，經過時間的洗禮，千錘百鍊，流傳至今，光芒耀人；

不僅使我們能領悟前人的智慧，同時也增深加廣我們思考的深度與視野。

我們決心投入巨資，有計畫的系統梳選，成立「經典名著文庫」，

希望收入古今中外思想性的、充滿睿智與獨見的經典、名著。

這是一項理想性的、永續性的巨大出版工程。

不在意讀者的眾寡，只考慮它的學術價值，力求完整展現先哲思想的軌跡；

為知識界開啟一片智慧之窗，營造一座百花綻放的世界文明公園，

任君遨遊、取菁吸蜜、嘉惠學子！